玩转盆景小品

WANZHUAN PENJING XIAOPIN

于晓华 著

中国林业出版社
China Forestry Publishing House

图书在版编目(CIP)数据

玩转盆景小品 / 于晓华著 . -- 北京 : 中国林业出
版社 , 2019.12
ISBN 978-7-5219-0435-2

Ⅰ.①玩… Ⅱ.①于… Ⅲ.①盆景—观赏园艺 Ⅳ.
① S688.1

中国版本图书馆 CIP 数据核字（2020）第 016646 号

责任编辑　张　华

出版发行　中国林业出版社
　　　　　（北京市西城区德内大街刘海胡同 7 号）
邮　　编　100009
电　　话　010-83143566
印　　刷　固安县京平诚乾印刷有限公司
版　　次　2020 年 4 月第 1 版
印　　次　2020 年 4 月第 1 次
开　　本　710mm×1000mm　1/16
印　　张　14
字　　数　360 千字
定　　价　69.00 元

前　言

　　我从年轻时就开始喜欢上了盆景，算起来至今已有30多个年头了，但紧张的军营生活及繁忙的本职工作，使我难以将很多时间和精力用于盆景上。在快到退休年龄时，我购买了一处带有小庭院的低层住宅，以便实现自己退休后轻松地侍弄盆景花草的愿望。近几年，在自家小庭院中培育的盆景数量渐渐增多起来，虽有劳作的辛苦，但却带给我及家人精神上的愉悦。

　　培育盆景偶尔会发生枯萎死亡，每当出现这种情况都令我痛心叹息。渐渐地，就养成了定期为盆景拍照的习惯，一方面是为了不断总结经验、查找问题、提高盆景的成活率及造型技艺；另一方面，万一发生盆景植株的死亡，也能留下一份回忆的资料。拍摄的盆景照片渐渐多了起来，于是又产生了将它们整理成书的想法，但是用什么形式来表现这些盆景作品呢？尽管我对自己的盆景怜爱有加，但技艺水平与专业水准相比有很大的差距，要想让自己的盆景作品具有观赏性，需要找到一个最佳的切入点才行。

　　近些年来，我喜欢用各种各样的摆件与盆景相搭配，以"小品"的形式观赏，同一株盆景配以不同的摆件则会产生意境上的很大不同，连一些"初胚"或"半成品"的盆景在特定的意境中也会熠熠生辉，再赋予一个题名，添加一段说明性文字，往往会令自己或激动不已，或忍俊不禁。既然这种盆景小品的创作形式能够感动自己，说明有它的独特之处，于是决定将"盆景小品"作为本书的创作形式。

我国的盆景艺术源远流长，可以追溯到汉唐时期，而在元代逐渐流行起一种称之为"些子景"的盆景样式，具有简约、飘逸、优雅及小巧玲珑的造型特点，适宜于案头放置，尤其受到文人士大夫们的推崇。按照我的理解，元代所谓的"些子景"应当就是现代"小品盆景"的雏形吧。"小品"一词通常是指简洁、单纯的小型艺术作品，具有无拘无束、无格无体、小中见大、轻松活泼等特点。在文学界，杂文、散文等文学样式均具有"小品"的性质；而在盆景界，具有"小品"特点的盆景作品亦被称之为"小品盆景"。

小品盆景虽具有"小品"性质，但欣赏的主要还是盆景本身，与盆景配合的一些摆件则处于从属地位，可是我的部分作品颠倒了以盆景为主、摆件为辅的主次关系，而是以摆件所营造的意境为主，盆景在画面中只是处于从属的地位，对于这种类型的作品，充其量只算得上是有盆景参与的小品艺术，称作"盆景小品"似乎更为恰当一些，故本书采用"盆景小品"这一称谓。

传统盆景的范畴，主要包括树木盆景、山水盆景等，而草本植物、苔藓植物等难登大雅之堂。近些年来，随着人们对精神生活的日益重视以及多元化的审美需求，草本植物乃至苔藓类植物受到人们的广泛喜爱，这些植物种类的盆景作品也层出不穷，这是艺术顺应时代发展的体现，我在本书中也收录了一些由草本植物、肉质植物、苔藓植物制作的盆景小品。

由于盆景小品创作具有题材多样、风格多变、构图元素众多等特点，创作者要想轻松自如地驾驭它们，就需要努力学习和掌握多方面的知识，提高自身的综合素养。我在近些年的探索和创作过程中，体会到以下几个方面的学养对于盆景小品创作尤为重要：一是文学尤其是古诗词方面的知识，以提升作品的意境；二是美学尤其是传统中国画画理方面的知识，以增强画面的形式美感；三是植物学和盆景造型方面的知识，以追求盆景的内在表现力；四是文博杂项方面的知识，以丰富画面的构图元素；五是对不同学科知识的综合能力以及文字表述能力，以确切反映出作品的创作思路和艺术特色，从而增强其艺术感染力。

本书共分为十二章。前八章分别以"主题类别""植物种类""构图方式""树型""几架""摆件""盆景规格""盆器"为专题收录了我创作的盆景小品150幅，每幅作品均有独立的主题，其配文包括"作品欣赏"和"创作心得"两个部分，便于阅读欣赏；第九章至第十一章分别介绍了盆景制作实例、底座和摆件自制实例、作品拍摄心得体会；第十二章简要论述了盆景小品的陈设。在后记中，主要讲述了利用自家小庭院养护盆景的做法和体会。

由于我在盆景小品创作方面的综合素质不够高，在盆景的植物种类、造型风格、创作思路方面均存在一定的局限性；又由于我的盆景专业理论和文字表达能力有限，书中疏漏甚至错误之处在所难免，敬请读者们批评指正。

于晓华

2019年6月30日写于无锡鲁石斋

目　录
CONTENTS

第一章 主题类别

在本章中，我将盆景小品的主题类别分为以下6个部分。

1. 古典诗词类 盆景小品是一种借景抒情的艺术，用古典诗词作为作品主题，能够使人从千古传诵、妇孺皆知的诗文中感受到诗情画意，并拉近与观者的心灵距离。

2. 传说、典故类 传说是指民间长期流传下来的对过去事迹的记述和评价，有的以特定历史事件为基础，有的纯属幻想的产物，在一定程度上反映了人民群众的要求和愿望。典故是指诗文中引用的古代故事和有来历出处的词语。我国古代的传说和典故极为丰富，情节生动感人，恰当借鉴可大大拓展盆景小品创作的主题范畴。

3. 自撰诗词类 在盆景小品创作中采用自撰诗词的形式作为配文，不仅可培养和展示创作者的文学素养，而且有为盆景小品"量身定制"的独特性。即使缺少深厚的古诗词功底，尝试采用"打油诗"作为配文，亦能令人忍俊不禁，增强作品的新颖性、趣味性和可读性。

4. 民俗文化类 民俗文化又称传统文化，是指一个民族或一个社会群体在长期的生产实践和社会生活中逐渐形成并世代相传、较为稳定的文化事项，包括民间流行的风尚、习俗等。民俗文化是盆景小品创作的重要题材，表现得当可以唤醒人们温馨的回忆及内心的共鸣。

5. 禅宗类 禅宗认为佛性人人皆有，顿悟即可成佛，主张通过心性修持而获得心性升华，并要求从青山绿水中体察禅境，从而摆脱烦恼、追求生命的自觉和精神的自由。用盆景小品的形式来表现禅宗类题材，亦有较广阔的创作空间。

6. 四季景色类 四季景色是盆景小品所要表现和能够表现的最基本自然题材，用盆景来反映四季景色的作品历来较多，故在创作中要巧构思、出新意，可以在题名、意境、植物种类、植株造型、画面构图、摆件配置、文字说明等方面多下功夫，从而使作品取得较理想的效果。

人约黄昏后

植物：爬山虎

飘长：160cm

盆器：陶釉盆

摆件：浅瓷盆、烛灯、竹椅

作品欣赏　宋代欧阳修在《生查子·元夕》诗中写下了"月上柳梢头，人约黄昏后"这一千古名句，它描写了恋人在月光和柳影下两情依依、情话绵绵的景象，营造出朦胧清幽、婉约柔美的意境。我根据该诗的意境创作了本作品。画面中，一只浅盆代表一方池塘；一株爬山虎的藤蔓向下垂泻至池水中，用夸张手法表现出晚风吹拂垂柳枝条的曼妙意境；一盏烛灯在暮霭中闪烁着昏黄的亮光，表现出一种静谧的氛围；池塘边上那条空无一人的双人椅最为传神，它正在等待一对恋人的到来。

创作心得　爬山虎是一种极其普通的植物，很少有人用它来制作传统型盆景，但是在盆景小品的创作中它却具有垂蔓披散、风姿绰约的独特表现力，我便是利用了它的这些特点，由此可以看出，盆景小品需要有自身的个性特征。在本作品拍摄时，我注意了画面的明暗对比，通过对光线的利用和控制，恰到好处地表现出《人约黄昏后》这一作品的主题意境。

幽居遐思

植物：金钱菖蒲
盆器：紫砂盆
盆高：6cm
摆件：茶具

作品欣赏　宋代陆游《幽居初夏》诗云："湖山胜处放翁家，槐柳阴中野径斜。水满有时观下鹭，草深无处不鸣蛙。箨龙已过头番笋，木笔犹开第一花。叹息老来交旧尽，睡来谁共午瓯茶。"该诗生动地描写了幽静的景色和闲适的心境。在本作品中，我用一套茶具和一盆菖蒲来表现该诗后两句清幽闲适的意境，并题名《幽居遐思》。

创作心得　有文献将盆景题名的来源归纳为以下几个方面：①古诗词中的意境或佳句；②中国传统民俗文化；③主景的形象姿态；④成语典故；⑤现实生活题材；⑥树种加某种含义；⑦用摆件、配石等命名；⑧以树、景的意境命名；⑨拟人化命名；⑩地域化命名；⑪以内心世界的活动命名。题名对于盆景小品具有画龙点睛的作用，因此应当认真对待，本作品的题名便是根据《幽居初夏》这首古诗的意境而创作出来的。

伤 春

植物：石榴
株高：45cm
盆器：紫砂盆
摆件：工艺淑女

作品欣赏　每到暮春，花事阑珊，最令怜花、惜花之人唏嘘不已。清代曹雪芹名著《红楼梦》中的《葬花吟》，便将这种感花伤怀的愁绪表达得淋漓尽致："花谢花飞花满天，红消香断有谁怜？游丝软系飘春榭，落絮轻沾扑绣帘。闺中女儿惜春暮，愁绪满怀无释处；手把花锄出绣帘，忍踏落花来复去……"我便是根据该诗的意境创作了本作品。画面中的一株石榴树龄久远、树姿遒劲、花瓣零落，为表达《伤春》这一作品主题做了很好的意境渲染和铺垫，我为工艺淑女的手中安放了一把锄头，成为作品的点睛之笔。

创作心得　中国古诗词博大精深，是一个取之不尽、用之不竭的文化宝库，也是盆景小品创作中重要的主题和意境来源。因此，作为一位盆景小品创作者，应当经常在中国古诗词这片汪洋大海中徜徉，不断汲取营养，提升知识水平，以便得心应手地将中国古诗词的精华融合到盆景小品中去，创作出具有古意和学养的盆景小品来。

凌波仙子

植物：水仙
盆器：瓷盆
盆高：8cm
摆件：贝壳摆件

作品欣赏　相传洛神为我国古代帝王伏羲之女宓妃，因溺死于洛水而成为洛水之神。三国时期的著名文学家曹植曾写下人神相恋的千古名篇《洛神赋》，该赋描写的是曹植经洛水时遇见洛神，"睹一丽人，于岩之畔"，"凌波微步"。后来两相爱慕，但隔于人神之道，未能交接，曹植"恨人神之道殊兮，怨盛年之莫当。"民间传说水仙花是洛神的化身，有"凌波仙子"之美称。本作品中的盆器似一只海螺，三只贝壳小摆件似鼓帆前行的舟楫，水仙则为喜水植物，整幅画面仿佛呈现出浩渺的水面，并有"凌波"之动感。

创作心得　家庭养植的水仙容易徒长，其原因有多种，如日照不充分、室温过高、盆水太多、水养前未经切削等，适当使用"矮壮素"亦可控制株高。本作品中的水仙矮壮美观，我在水养早期每三天换清水一次，每六天结合换水在清水中放入少许矮壮素，共5次，当花苞开始往上窜时，则及时停用矮壮素。

一握云烟

植物：马齿苋树、虎耳草

盆器：枯木

木桩高：12cm

摆件：寿山石雕（渔翁）

作品欣赏　"渔樵耕读"指渔夫、樵夫、农夫和书生，他们是汉民族古代农耕社会的四个比较普遍的职业。我国古代名著《三国演义》的开篇词中对渔夫曾有过精到的描写："白发渔樵江渚上，惯看秋月春风，一壶浊酒喜相逢，古今多少事，都付笑谈中。"东汉时期的严子陵可谓是渔夫的代表性人物，传说他是汉光武帝刘秀的同学，刘秀当上皇帝后多次请他做官，都被他拒绝，却一生不仕，隐于浙江桐庐，垂钓终老。在本作品中，我着力刻画了一位超然、平淡和悠闲的渔翁形象。

创作心得　作品中的寿山石雕人物栩栩如生，但要表现出《一握云烟》这一作品的意境，仍需要认真考虑画面的构图。经过反复斟酌、酝酿，我在画面中摆放了一座枯木小景，如同寥廓江天中的一个小渚，从而将画面的意境凸现了出来：一位老翁闲倚在石矶上垂钓，悠闲自得、心无旁骛，人世间的功名利禄于他都如同过眼云烟般的虚无缥缈，此乃中国古代士人隐逸之风的深刻表现。

作品欣赏　据传古代有一女子，因思念远方夫君而日夜哀泣、以泪洗面，泪落之处满树皆籽，状若泪珠、色如泣血，故谓此树为相思树，其籽称相思子、相思豆，又称红豆。红豆形似珠玑，半红半黑，熠熠生辉，玲珑可爱，古人常以红豆表示爱情和相思。本作品中，我用一株含羞草、一串红豆和一只青花瓷瓶表现出一位情窦初开少女的清纯情怀。

创作心得　盆景小品的创作不仅需要掌握各种栽培和造型技巧，更应当对植物学的相关知识有所了解。含羞草为多年生草本植物，它的绿叶细微，排列似羽，整齐雅致；它的花朵粉红，茸茸成团，娇嫩姿美。含羞草有一种十分奇特的现象，用手指轻轻触碰一下它的叶片，叶片迅即闭合下垂，出现这种现象的原因是由于其叶柄基部有一膨大部分，称为"叶枕"，叶枕内的许多薄壁细胞都充满了细胞液，一旦叶子被触动，则细胞液立即外流到细胞间隙，导致细胞的压力降低，叶片闭合下垂，经5~10分钟后细胞液重新胀满，叶片便可恢复原状。了解含羞草的这种"含羞"特点，便可用于创作某些特定题材的作品。

情窦初开

植物：含羞草
株高：28cm
盆器：陶釉盆
摆件：青花瓷瓶、红豆

作品欣赏

秋窗

夜读倦倚床，西风频扣窗。
梦里冰河渡，晨起叶满霜。

创作心得　作品中，我以一幅挂屏、一株银杏盆景勾勒出一户读书人家的场景。深秋时节，寒风劲吹，主人翁一夜苦读，早晨起床推窗观看，已是满目霜叶。银杏树叶在秋季转黄，此时是观赏的最佳时机，也成为表现"秋""霜""愁绪"等相关作品题材的很好树种。但是，一旦进入深秋时节，银杏叶转黄的速度很快，如果遇上寒流，很快将落叶凋谢，故用银杏树创作盆景小品时，应当提前构思，备齐画面相关元素，并每日观看叶片转黄的情况，以便抓住最佳拍摄时机。如果遇上寒流或下雨，应将盆景移至屋内，避免叶片受损。

秋 窗

植物：银杏
株高：50cm
盆器：紫砂盆
摆件：挂屏

牧童

植物：银杏
株高：20cm
盆器：紫砂盆
摆件：陶瓷人物

作品欣赏

牧童

小儿郎，放学堂。跑回家，帮爹娘。
爹娘累，终日忙。爹娘苦，不声张。
儿虽小，心智强。哺育恩，永不忘。
牵老牛，上山岗。牛吃饱，能养壮。
小儿郎，惜时光。骑牛背，背句章。
夕阳落，炊烟长。归心切，牧笛扬。

创作心得 "打油诗"是一种富于趣味性的俚俗诗体，亦可称为顺口溜，具有通俗易懂、诙谐幽默、小巧有趣的特点。该诗体不太讲究格律，也不注重对偶和平仄，但仍采取五字句或七字句形式，并且注重押韵。写作该类诗体对作者的文学功底要求不高，这是我尝试为盆景小品写打油诗的主要原因。本作品以"放牛娃"为题材，这类题材的盆景作品较多，为了增添一些新意，我自撰了一首"打油诗"作为文字诠释，以使作品更具观赏的趣味性。

坝上秋

植物：榆树
株高：15cm
盆器：紫砂盆
摆件：枯木、狗尾巴草

作品欣赏

坝上秋

一年一度秋风劲，木凋草枯雁悲鸣。

耐得严冬霜和雪，开春来踩坝上青。

　　创作心得　"坝上"是一地理名词，特指由于草原陡然升高而形成的地带，又因气候和植被的原因形成草甸式的草原。我国笼统的坝上地区通常是指河北省向内蒙古高原的过渡地带。本作品表现的是深秋时节坝上草原的苍茫景象：枯黄色的盆景底座和枯木配件，为深秋时节的坝上草原打上了"底色"；一株榔榆基本落叶殆尽，剩下的些许树叶也已日渐枯黄；枯木上插着的狗尾巴草弯向同一个方向，这种"风动式"造型表现出坝上草原强劲的秋风。

作品欣赏

蝈蝈

蝈蝈我，是雄虫。雄虫鸣，音出众。

鸣妙音，引雌虫。雌虫至，交配用。

谁曾料，囹圄中。牙虽厉，难伤笼。

逃不出，相思浓。吃不香，音稀松。

主人厌，懒观虫。投食少，饥渴重。

呜呼哉！百日虫。白露衰，霜降冢[注]。

[注]：蝈蝈于白露节气开始衰老，而难以度过霜降节气。

创作心得　蝈蝈作为观赏性昆虫在我国具有悠久的历史，它属于昆虫纲直翅目，其体型较大，外形与蝗虫相似，身体草绿色，触角细长。雄虫的前翅互相摩擦，能发出"刮、刮、刮"的声音，清脆响亮，故人们常于夏秋季用小竹笼饲养雄性蝈蝈，听其鸣声取乐。蝈蝈与蟋蟀、油葫芦被称为三大鸣虫。在本作品中，我将蝈蝈笼挂在一株文人树式黄杨的树干上，已经增添了几分闲趣，再配上一首为蝈蝈代言的歪诗，令人忍俊不禁。

蝈 蝈

植物：黄杨

株高：65cm

盆器：紫砂盆

摆件：蝈蝈笼

百年好合

植物：黄杨
株高：61cm
盆器：紫砂盆
摆件：青田石雕（和合二仙）

作品欣赏　和合二仙是民间传说中的神，主婚姻和合，寓意五福登门、夫妻恩爱、永结同心、白头偕老。本作品左侧为和合二仙青田石雕，两位仙童一个手执莲花，另一个所执的圆盒里正有蝙蝠飞出。右侧为一株黄杨盆景，经过我十余年的修剪和整枝造型，颇具超凡脱俗的气质。由于这株黄杨为一本双干式，蕴含有休戚与共、白头偕老之意，与和合二仙主婚姻和合的寓意相符，故题名《百年好合》。

创作心得　我在这株黄杨盆景的养护过程中，坚持了透叶观骨的造型技法。透叶观骨法是将落叶树落叶观骨的效果应用于常绿树的造型，使其无需摘去全部树叶即可观赏到枝干的形态。透叶观骨法造型需时较长，且需选择根系健壮、主枝粗壮的树桩作为造型素材，造型后要具备枝干脉络走势清晰、主次分明、叶稀枝密的观赏特点。

岁朝清供

植物：水仙
盆器：瓷盆
盆高：9cm
摆件：铜钱草微型盆栽

作品欣赏 清供是指放置在室内案头供观赏的盆栽、插花、时令水果、奇石等，往往寄托着主人的精神追求，体现了主人的志趣，故创作清供一类的盆景小品时，应当充分表现出人们丰富的内心世界和品格情操。水仙岁末年初开花，高洁典雅、满屋芬芳，自古以来便受到民众的喜爱。本作品中，我用浅盆养植了一丛漳州水仙作为清供植物，一株铜钱草微型盆栽在隆冬季节里也生长得玲珑别致，与水仙相映成趣。

创作心得 冬季养水仙，应及早将只有叶芽而没有花芽的部分剔除，以保证花芽有充足的养分供给。水仙花绽放的鼎盛时期拍摄图片的效果最佳，但要拍摄出花团锦簇的效果，需要进行一些技术处理，以本作品为例，我在拍摄前将原本分盆水养的多株水仙球合并到一个盆内，调整花姿并适当进行疏叶处理，从而表现出这盆水仙花既繁花似锦，又清秀俊朗的韵味。

重阳新醪

植物：菊花脑
飘长：28cm
盆器：陶釉盆
摆件：陶瓷人物、瓷罐

作品欣赏　每年的农历九月初九日为重阳节，亦称登高节，是中国的传统节日。这一天的庆祝活动一般包括出游赏秋、登高远眺、观赏菊花、遍插茱萸、吃重阳糕、饮菊花酒等。魏晋时期就有了重阳节赏菊、饮酒的习俗，晋代陶渊明在《九日闲居》诗的序文中写到："余闲居，爱重九之名。秋菊盈园，而持醪靡由，空服九华，寄怀于言"。在本作品中，一丛攀篱的菊花脑初绽花蕊，一位白发老者抱着一只喝空了的酒坛醉卧于地，身后还有一坛新醪，老者那副悠然自得、心满意足的神情，恰似"魏晋风流"再现。

创作心得　菊花脑为菊科菊属草本野菊花的近缘植物。地栽的菊花脑上盆后，由于叶片及花蕾绽放对水分的需求量较大，而盆土较少，故植株容易因失水而枝叶耷拉下来。因此，植株上盆时应剪除缺少观赏性的枝条，摘除老叶和被虫蚀过的叶片。植株上盆初期应摆放在通风遮阴处养护，除了及时根部浇灌外，应每日数次进行叶面喷淋，以减少植株的水分蒸发，满足其生长需求。

作品欣赏 相传达摩祖师面壁打坐九年期间，时常因打瞌睡而苦恼，于是他将自己的眼皮撕下，丢在地上，不久之后，地上就长出一株绿叶植物。有一天，达摩祖师的弟子在一旁煮水以备饮用，正好一阵风吹来，将绿叶子吹落在锅里，达摩祖师喝了煮的水之后，精神非常好，打坐时也不再打瞌睡了，从此之后，达摩坐禅时都喝用这种叶子煮的开水。这个故事既显示了达摩祖师坐禅的非凡毅力，又表明了茶与禅的悠久渊源。我根据这一典故，创作了本作品。

创作心得 写意是盆景小品最基本的特征，故应当重视画面的写意造型，注重空间感、形感和质感。本作品中的摆件仅一座达摩祖师木雕像和一只小茶壶，与清香木盆景构成了一幅画面简洁、主题清晰的作品，较好地呈现出写意效果。

达摩悟道

植物：清香木
飘长：45cm
盆器：紫砂盆
摆件：木雕（达摩祖师）

作品欣赏　石莲花为莲花座造型的多肉植物，因莲座状叶盘酷似一朵盛开的莲花而得名，被誉为"永不凋谢的花朵"。本作品的右侧，一尊木雕的老寿星手执仙桃，满面祥瑞之气；左侧的一株石莲花高耸挺拔，莲花座形状的叶瓣像似一朵环绕着老寿星的祥云，祥云是传说中神仙所驾的彩云。

创作心得　石莲花的品种繁多，形态独特，喜温暖、干燥和阳光充足的环境，养护简单，很适合家庭栽培。画面中的这株石莲花主干笔直、高耸，这是由于在养护过程中很少浇水并经常变换植物受光面的缘故。多肉类植物为了适应炎热、干燥的气候，进化出肥厚多汁的储水器官，浇一次水就能够生存很长时间，浇水过勤不仅容易烂根，而且因疯长而失去观赏价值。

祥云

植物：石莲花
株高：40cm
盆器：紫砂盆
摆件：木雕（老寿星）

作品欣赏 "素仁格"盆景是指由素仁和尚（我国岭南盆景的一代宗师和杰出代表）创立的盆景造型风格，其特点是空而不虚、简而深远、淡而有味、高古脱尘，具有"萧淡四五叶，赏心两三枝"的简朴无华。在本作品中，我尝试用一株黄杨盆景及一块太湖石表现素仁格盆景的意境，题名《云水自在》。

创作心得 黄杨别名"千年矮"，生长很缓慢，还有"闰年缩三分"之说，由于成型速度慢，适合于表现具有禅意的作品，因而是制作"素仁格"盆景的上佳植物。画面中的这株黄杨原本在盆面上方约7cm处另有一根主干，呈双干型，为了营造出素仁格的高古特点，我下决心将其截除，又经过多年的培育和修剪整枝，逐渐呈现出画面中挺拔遒劲、飘逸自然的造型特点。

云水自在

植物：黄杨
株高：47cm
盆器：紫砂盆
摆件：太湖石

醉 春

植物：枫树

株高：24cm

盆器：紫砂盆

作品欣赏 枫树为落叶小乔木，其叶形优美、叶色绚丽、树姿潇洒清秀，属于盆景的常见树种之一。枫树的品种有百余种之多，按叶色亦可分为春芽初绽猩红色、终年红色、春秋两头红色等类型。本作品中，合栽于一盆的两株枫树在早春时节便萌发出满树艳红的嫩叶，在小庭院的诸多盆景中显得格外抢眼，如同美人醉酒之红颜，故我将其拍摄成作品，题名《醉春》。

创作心得 树桩盆景属于四维艺术范畴，它们不仅有长度、宽度、高度三维空间的造型，还具有四维的时间属性，其鲜活的生命力、季节性变换的美感，将作品的三维空间形象与四维的时空紧密地联系在一起，表现出四维空间艺术的独特性，这是二维书画艺术、三维雕塑艺术所不具备的。

一片冰心

植物：六月雪
株高：21cm
盆器：紫砂盆
摆件：茶具、寿山印石

作品欣赏　"一片冰心在玉壶"是唐代王昌龄《芙蓉楼送辛渐》诗中的佳句，形容自己的心像一块冰盛在玉制的壶里那样光明磊落，该诗极受尊崇而被人们千古传诵。我根据该诗句创作了《一片冰心》。作品中，六月雪一簇簇洁白的小花开满全树，象征着玉洁冰清的情操；一只茶壶、两只茶盅，喻示好友惜别；一方剔透玲珑的冻石印章，彰显了光明磊落的心志。

创作心得　选择表现"冰清玉洁"主题的植物，六月雪可谓当仁不让。它的花朵繁密细小、洁白如雪，尤其可贵的是开花于6~7月间，酷暑之时给人们带来清凉之意。六月雪的可塑性较强，可制作成树干蟠曲、错节盘根、苍老古朴、散淡雅致的盆景作品。

甫寒初雪

植物：枸杞
株高：26cm
盆器：紫砂盆
摆件：枯木、鹅卵石、陶瓷人物

作品欣赏 本作品表现的是冬季下第一场雪时的乡野情景。画面上，一位老叟担着山柴正打算过桥，"桥"是横跨在小溪之上的一根枯木，简陋却逼真；桥的另一端，一株光秃秃的枸杞斜向水面，与独木桥的古拙相映成趣。我拍摄这幅图片的时间是6月下旬，这株枸杞正处于夏季休眠期，枝干光秃秃的，但却符合作品的主题需要。场景摆布好后，略施了一些白面粉，作品中"雪"的意境立即浮现出来，那位在天寒水瘦之际仍旧衣着单薄的樵夫形象更是会唤起人心的叩问。

创作心得 本作品中，运用了"藏与露"的美学法则。一座"桥"古拙生动、形象逼真，我将其斜向布置，一端得以充分展示，另一端则用枸杞盆景遮掩起来，转而展示枸杞盆景的野趣，这样的画面构图不仅增加了画面的层次感和纵深感，还产生了意犹未尽的画面效果。

秋期如约

植物：银杏
株高：43cm
盆器：紫砂盆

作品欣赏 银杏原产于我国，是现存种子植物中最古老的植物，有"活化石"之称，苍老的银杏植株能够给人以时空穿越的视觉冲击力。银杏树春夏时节翠绿浓荫，雌株硕果累累；秋季则叶片零落，满地金黄。当秋季来临时，白天缩短而夜晚延长，日照时间变短及气温骤降使得银杏的叶绿素合成受限，叶黄素的比例则急剧升高，因此银杏的树叶迅速变黄，此时的银杏树披上金黄色的盛装，成为秋天里人们的一道视觉盛宴。我用一盆双株合栽式银杏盆景创作出《秋期如约》，作品中金黄色的叶片、散落的几粒白果使人按捺不住外出观赏银杏秋景的冲动。

创作心得 我在本作品的创作中运用了"奇"与"正"的表现手法，将相对粗、高的一株直立栽种以稳定重心，而将细、弯的一株向右侧倾斜栽种，作品的整体效果是在矛盾中求得了统一，保持了画面的平衡感。

第二章 植物种类

在本章中，我列举了以下七大类制作盆景的植物。

1. 松柏类 松柏类盆景的代表性植物有黑松、五针松、黄山松、罗汉松、真柏、刺柏、圆柏、侧柏等，它们顽强的生命力、漫长的生长周期以及高古的格调使其充满了观赏魅力。

2. 杂木类 杂木类植物的种类繁多，杂木盆景的代表性植物有榔榆、雀梅、银杏、黄杨、朴树、枫、榕、福建茶等，它们具有古朴、虬劲、潇洒、耐看的特点，且在养护中耐修剪、耐蟠扎、可塑性强。杂木类植物是盆景小品创作最主要的植物来源。

3. 观花类 观花类盆景的代表性植物有蜡梅、梅花、海棠、石榴、杜鹃、栀子等，它们具有花色艳丽、香味宜人、树姿飘逸等特点，并具有很强的观赏季节性。观花类植物用于盆景小品的创作，可以极大地丰富画面色彩，并迎合人们对花卉的喜爱之情。

4. 观果类 观果类盆景代表性的植物有南天竹、火棘、海棠、山楂、石榴、枸杞等，其果实能够带给人们丰收在望的喜悦。观果类盆景树种不仅要具备形状好、色泽美、大小适度、挂果期长的优点，还要讲究桩干造型，使其在观果期外亦具有观赏价值。

5. 草本类 草本植物是指茎内木质部不发达，含木质化细胞少，支持力弱的植物。在盆景界使用草本植物制作盆景并非主流，但随着时代的发展，草本类盆景渐渐有了一席之地。由于草本类盆景的植物素材大多较为普通，且具有种植容易、成本低廉、用盆选择余地大、制作简单易行、适合现代人的审美气息等特点，我相信草本类盆景将会在盆景的"百花园"里熠熠生辉。

6. 肉质类 肉质植物又称多肉植物、多浆植物，它们大多生长在气候干燥炎热的沙漠或海岸地带，为了适应原生地的炎热干燥气候，进化出肥厚多汁的储水器官。适合现代家庭栽种的小巧玲珑的肉质植物种类繁多，摆放在阳台、窗台等处均可良好生长，因此受到人们的喜爱。用肉质植物作为盆景小品的素材，可以创作出丰富多彩的作品。

7. 苔藓类 苔藓是一种源于泥盆纪的古老植物，具有极强的生命力和适应能力。既往，苔藓主要作为盆景的盆面装饰之用，而近些年来采用苔藓作为盆景主体植物的趋势方兴未艾。用苔藓制作盆景小品不仅取材容易、养护方便，其独辟蹊径的创作构思还能够带给人们意料之外的艺术享受。

卧松云

植物：五针松
株高：47cm
盆器：瓷盆
摆件：陶瓷人物

作品欣赏　五针松别名五叶松、五须松，具有终年常绿、雄伟刚健、遒劲粗犷的特点，早在春秋时代的《论语》，就有"岁寒然后知松柏之后凋也"的溢美之词，自古以来人们便以松柏比喻高洁的品格和刚毅顽强的精神。我国古代士人喜欢观松云、听松涛、在松树下吟诗赋词以明志，宋代辛弃疾《西江月·遣兴》这首词便淋漓尽致地生动描写出饮者在松树下的醉态："醉里且贪欢笑，要愁那得工夫！近来始觉古人书，信着全无是处。昨夜松边醉倒，问松我醉何如？只疑松动来扶，以手推松曰去！"我根据这首词创作了《卧松云》，作品中的五针松树皮鳞皱、枝干遒劲，与陶瓷人物一起构成了一幅生动的画面。

创作心得　《卧松云》的题名是在作品拍摄前便确定下来的。盆景小品题名的确定既可以在拍摄前，也可以在拍摄后，但最好能在拍摄前确定，如此可以根据作品题名精准地设计构图元素及画面效果，大多能够一次拍摄成功。

作品欣赏 罗汉松别名罗汉杉，因其种子由花托和种子两部分组成，种子成熟后好似披着袈裟的罗汉塑像，故而得名。罗汉松是制作盆景的优良树种，具有四季常青、枝密叶短、容易蟠扎、适应性强、生长缓慢、观赏价值高等特点。我养护的这株罗汉松根爪遒劲有力，主干挺拔劲秀，枝叶苍翠欲滴，侧枝左收右放，一根大飘枝仿佛正抚拂着从枝叶间轻轻飘过的云雾，故题名《拂云》。

创作心得 作品中，罗汉松的盆面上压着一块龟纹石，如山顶之磐石，不仅进一步稳定了画面重心，且更加彰显出罗汉松穿云破雾的伟岸形象。龟纹石由石灰岩经过自然界常年累月的侵刻，致使表面形成纵横交错的龟纹状裂纹而得名，它的纹络细腻、体态多姿、古朴自然、富于画意，故属于盆景的常用配石。

拂 云

植物：罗汉松
株高：52cm
盆器：紫砂盆
摆件：龟纹石

作品欣赏　作品中的榆树老桩是我的妻子十余年前去苏州东山的三山岛游玩时购买的，该岛位于烟波飘渺的太湖之中，小岛地貌四面环水，草木茂盛，空气清新。经过多年来的养护，该株榆树老桩表现出既古老沧桑、又枝繁叶茂的观赏特点，反映出太湖的自然风光与深厚文化底蕴，故题名《太湖遗韵》。

创作心得　地域的历史和文化是盆景小品题名的重要素材之一，从事盆景小品创作者应当重视加以研究，如果能够用本土生长的植物来表现具有地域特征的作品主题，则更具艺术感染力。以本作品为例，三山岛隶属于苏州，而苏州自古以来便是文化名人喜欢聚集之地，故本作品以《太湖遗韵》为题名，可以使观者的思绪从盆景小品向外散发，浮想联翩。

太湖遗韵

植物：榆树
株高：40cm
盆器：瓷盆

禅道空静

植物：黄杨
飘长：60cm
盆器：紫砂盆
摆件：茶具、枯木插瓶

作品欣赏　本作品的构图元素在一只长条形矮几上铺陈开来：右侧是一株大飘枝黄杨盆景，左侧是一只黄杨枯枝小插瓶，中间自右向左是分别刻有"禅""道""空""静"的四只茶盅。作品中的四只茶盅因为上方飘逸的横枝及下面稳重的几座而有了连贯的气韵，而一枯一荣两株黄杨所产生的对比，亦蕴藏有浓厚的禅意。我用四只茶盅上的文字作为本作品的题名。

创作心得　佛学对我国的盆景艺术有较大影响，在盆景小品的创作中亦可吸收禅宗中的一些理念，创作出积极、向善、宁静、修远的作品来。

烟波钓叟

植物：黄杨
盆器：屋瓦
大盆器：长38cm，宽25cm
小盆器：长12.5cm，宽10cm
摆件：竹制舟楫、陶制钓翁

作品欣赏　我分别以一片完整的屋瓦和一片残瓦作为盆器，栽种了若干株黄杨小苗，其高低起伏的地貌、三五成簇的黄杨丛林、长满苔藓的土表，使画面充满了山野之趣。画面近处，一位钓翁正泛舟垂钓。整幅作品呈现出江天寥廓的景色，并刻画出钓翁意在山水的精神世界，故题名《烟波钓叟》。

创作心得　作品中的两片屋瓦因为残旧，故而耐看。从审美的角度来看，老旧的物件往往饱含了岁月的沧桑，带有某些历史的记忆与沉淀，从而有回味和鉴赏的价值。在盆景小品创作中，选用一些老旧、残破的物件作为盆器，也可以在一定程度上提升作品的观赏价值。用瓦片作为盆器，由于缺少盆壁的蓄水功能，故土壤中的水分蒸发较快，植物容易缺水，故在日常养护时需要经常给叶面喷淋保湿。

永结同心

植物：榆树

盆器：紫砂盆

盆高：6.5cm

摆件：茶盅、黄杨木雕（葫芦）

作品欣赏　本作品中的构图元素都是成双成对的：两株榆树合栽于一只紫砂盆内，造型相似，颇有"夫妻相"；一对茶盅并列摆放在一起，象征夫妻举案齐眉、相敬如宾；画面正中摆放着一对我用黄杨木雕刻的小葫芦，葫芦谐音"福禄"，是民俗中的吉祥之物，它们由一根红线拴着，紧紧地依偎在一起，象征夫妻永结同心。

创作心得　将两株杂木类植物合栽于一盆时通常应选用同一树种，并且两株植物的出枝高低、方向、疏密等应有主有次、有争有让、互为补充，以显示出亲昵、顾盼、随行等意趣。

梅花知己

植物：蜡梅
株高：50cm
盆器：紫砂盆
摆件：陶艺（鲁迅坐像）、矮几

作品欣赏　蜡梅的花期为11月下旬至翌年3月，在寒风凛冽、银装素裹的数九寒天，唯有蜡梅凌寒而开，傲霜斗雪。鲁迅先生平生喜爱蜡梅，他在《从百草园到三味书屋》中曾提到蜡梅："三味书屋后面也有一个园，虽然小，但在那里也可以爬上花坛折蜡梅花，在地上或桂花树上寻蝉蜕。"据文献记载，他在青少年时代便手抄了一本《二树山人写梅歌》，抄写的是清代会稽人童钰（别号"二树山人"）所撰写的咏梅诗集。鲁迅先生还请人刻过一枚"只有梅花是知己"的印章。本作品以《梅花知己》为题名，将一株蜡梅盆景与一尊陶制的鲁迅先生的坐像组合在一起，表现出鲁迅先生与梅花所共有的高洁、顽强品格。

创作心得　蜡梅盆景造型应遵循"以曲为美，直则无姿；以欹为美，正则无景；以疏为美，密则无态"的原则。本株蜡梅通过以剪为主的造型手法，展现出古朴沧桑的风貌。拍摄本作品前数日，我摘除了尚未脱落的叶片，使梅枝上星星点点的花蕾全部呈现在观者眼前，增强了画面的艺术感染力。

　　作品欣赏　茉莉为常绿灌木，叶色翠绿，花小洁白似玉，清芬郁烈，有"天下第一香"的美誉，国人还赋予茉莉"高洁""雅友""远客"等美好寓意。本作品中，一张小圆桌上洒满了晨曦，一本画谱、一把茶壶、一株茉莉仿佛将这美好、静谧的时光变为了永恒。

　　创作心得　对于观花类盆景不能仅关注开花时节的观赏价值，还应像树木盆景一样讲究桩干的造型，使其在无花期也具备观赏价值。茉莉花开在当年生新枝的枝头，为了表现出疏朗、飘逸的树姿，我于前一年深秋即对植株进行了较大幅度的造型修剪。

花前抚卷

植物：茉莉
株高：66cm
盆器：瓷盆
摆件：茶壶、画谱

作品欣赏 井，自古以来就是一个自然村落的象征，甘甜的井水哺育着祖祖辈辈的村里人，也成为乡亲们心灵深处的一块烙印。如今，随着国家城镇化战略的推进，大批农村人口进城落户，生活水平有了很大提高，但随着自然村落的消失，乡愁却渐渐浓厚起来。乡愁是一种说不清、道不明的深切思念家乡故土的忧伤、惆怅的心情。我通过《村井》这幅作品，勾画出昔日自然村落的一个温馨场景，以抚慰人们内心深处的柔软情结。

创作心得 作品中的一株三角梅热烈奔放、花期长、耐贫瘠，代表了村里人淳朴善良、吃苦耐劳的优良品格；一套竹制的工艺井沿、吊桶、挑桶、扁担等，营造出昔日村井喧闹繁忙的景象，也增添了古村落的神秘感和历史厚重感。

村 井

植物：三角梅

株高：50cm

盆器：素烧盆

摆件：竹制工艺品（水井、水桶）

作品欣赏 石榴为石榴科石榴属落叶小乔木。石榴多子，故被赋予"子孙满堂""多子多福""繁荣昌盛""富贵吉祥"等美好寓意。自古以来咏叹石榴花的诗词佳句极多，而赞美石榴果实的诗句虽略少，但极为精到，如宋·梅尧臣《阳武王安之寄石榴》诗云："安榴若拳石，中蕴丹砂粒，割之珠落盘，不待蛟人泣。"宋·杨万里在《石榴》一诗中写道："雾縠作房珠作骨，水精为醴玉为浆"。在本作品中，我着重刻画出石榴的硕果之美。

创作心得 这株石榴盆景由于树皮很少，难以供给树冠充足的养分，故花少、果也少。我几次打算为它拍摄图片，又觉得挂果太少，画面单调，故迟迟未动手。一天，我在翻看自己曾经的黄杨木雕习作时，见到一组（4枚）小石榴，顿时来了灵感，试着将这些木雕小石榴作为配件散乱地放在植株下，顿时，整个画面丰富和活跃起来，树上挂着的、地上掉落的石榴彼此呼应，一派硕果累累的深秋景象。由此可见，平时有意识地多收集一些可能在创作时派得上用场的小物件，方可满足不时之需。

硕 果

植物：石榴
株高：32cm
盆器：紫砂盆
摆件：黄杨木雕（石榴）

丰收在即

植物：海棠
株高：60cm
盆器：紫砂盆
摆件：竹制工艺品（梯、篓）

　　作品欣赏　深秋时节，一株海棠树的果实已经成熟，泛起红粉的颜色。丰收在即，农人家闲置了一年之久的长梯又派上了用场。高高的果树下，长梯已经支起，果筐也已经准备好，就等着主人来攀梯采摘了，多么温馨、快乐的场景！海棠果实呈圆球形，9~10月成熟，果皮色泽鲜红夺目，果肉黄白色，果香馥郁。

　　创作心得　作品中这株海棠树的主根较深而侧根欠发达，故我采用高盆栽种以保护根部，但是在作品构图时却发现难以挑选到与之匹配的辅件，我酝酿了很久，突然想起北方搭长梯采摘柿子的丰收场景，便立即找来一只竹梯工艺品和一只竹编小篓，画面顿时充满了农村的生活气息，并使画面构图显得匀称、稳重。

作品欣赏 作品中，一株狼尾蕨的浓荫下摆放着一对文玩小葫芦，两者相对，好似一对白头偕老的夫妻正在树荫下一边纳凉，一边闲忆着过往的岁月哩。狼尾蕨是一种可爱的室内观赏植物，它的茎粗壮，呈匍匐状生长，并沿着盆壁拖挂下来，酷似狼的尾巴。本株狼尾蕨露出十余条长长短短、交织在一起的"尾巴"，好似一窝顾头不顾尾的狼群，憨态可掬。

创作心得 盆景小品的创作讲究立意在先，构思时不仅要考虑植物种类和造型、画面构图等，还要融入创作者本人的内心情感，其作品才会产生打动人心的感染力。在本作品的创作过程中，我经过对这株狼尾蕨反复观察，觉察到它碧绿的冠盖、柔软的树姿、浓密的树荫能够给人以梦幻般的温馨感，于是在画面中摆放了一对文玩葫芦，一幅《闲忆旧梦》的盆景小品便顺利诞生了。

闲忆旧梦

植物：狼尾蕨
盆器：瓷盆
盆高：17cm
摆件：文玩葫芦

作品欣赏　朱自清的散文《绿》中写道："……那醉人的绿呀，仿佛一张极大极大的荷叶铺着，满是奇异的绿呀。……我曾见过北京什刹海指地的绿杨，脱不了鹅黄的底子，似乎太淡了。我又曾见过杭州虎跑寺旁高峻而深密的"绿壁"，重叠着无穷的碧草与绿叶的，那又似乎太浓了。其余呢，西湖的波太明了，秦淮河的又太暗了。可爱的，我将什么来比拟你呢？我怎么比拟得出呢？……"我受到这篇文章的感染，创作了《梅雨潭》。

创作心得　本作品用芦管石来营造山体，芦管石由泥沙和碳酸钙沉积而成，具有质地疏松、吸水性强、易于草木及青苔附生的特点，是制作山水盆景的常用石料。我还喜欢以铜钱草作为盆景小品的构图元素，因为它既可水培也可盆栽，故既可表现水景、也可表现岸景，在我看来，铜钱草就是盆景小品构图元素中的"百搭"，有时找不到合适的构图元素时，便会想到用铜钱草来客串一下，往往都能得到满意的画面效果，本作品中的一丛铜钱草，那嫩绿的叶色便是人们心目中梅雨潭应有的色彩。

梅雨潭

植物：铜钱草
盆器：瓷盆
盆径：32cm
摆件：芦管石、自制舟楫

作品欣赏 昙花俗称月下美人、仙女花，具有花型硕大、花形奇美、洁白如玉、芳香扑鼻的特点。昙花的花期为7~9月，夜间8~10点开放，3~5小时后凋谢，由于花期短暂，故有"昙花一现"之说。我根据昙花夜晚绽放的特点设计了本作品，作品的拍摄是在室内完成的，采用白炽光从盆景的顶部偏后方投照下来，营造出月光清辉洒落在琴弦上的画面效果。画面中的"古琴"是我用一块漂流木制作而成的，求其神似而不求形似。

创作心得 昙花的花朵好看，但其枝叶形态往往显得杂乱，如若修剪不当，则可能将有花芽的枝叶给修剪掉，影响当年秋季的开花。为了获得本作品飘逸的植株形态，我在前一年的深秋时节即对植株进行了大剪，仅保留下画面中的一根主干，并在次年植株的生长季注意抹芽，使养分集中在花芽上，从而获得了比较理想的画面效果。拍摄作品时，由于室内的光线较弱，需要较长时间的曝光，相机的三脚架、快门线是不可或缺之物。昙花绽放是一个持续的过程，创作者需要守候在一旁，间隔一段时间就要进行拍摄，以便事后从中选取最理想的图片，如若疏忽大意，一旦昙花开始凋谢便失去了补救机会。

清辉拂弦

植物：昙花
盆器：瓷盆
盆高：30cm
摆件：自制"古琴"摆件

火焰山

植物：芦荟
盆器：紫砂盆
盆高：10cm
摆件：沉木摆件、公仔摆件（孙悟空）

作品欣赏　芦荟为多年生肉质植物，有短茎，呈莲座状排列，它的叶肥厚多汁、苍翠欲滴，叶缘有排列均匀的短刺。针对芦荟耐旱、耐热的特点以及这株芦荟恣意的长势，我想到了《西游记》中孙悟空三借芭蕉扇扑灭火焰山烈火的故事，于是用一块沉木及一只公仔摆件作为配件，完成了《火焰山》的创作。作品中，长势繁茂、侧芽丛聚、矮小多姿的芦荟象征"火焰山"，而孙悟空脚踏火焰的摆件造型则点明了作品的主题。

创作心得　芦荟的外形不够美观，且叶片上短刺密布、难以触碰，故人们不太喜欢将其作为观赏植物。但在艺术创作中，有时"丑"的东西反而成为稀缺资源，具有艺术创作的不可替代性，以本作品为例，一株芦荟植物所表现出来的"火焰山"狰狞面目，用其他植物是很难取代的。

方 圆

植物：榕树、苔藓
苔藓球直径：8cm
摆件：紫砂壶

作品欣赏 方与圆是人们在日常生活中经常见到的物体形状，同时也被引申到人们的处世之道中来。《菜根谭》有云："处治世宜方，处乱世当圆，处叔季之世当方圆并用。"这里的"方"是指做人的正气及原则性，"圆"是指处世的技巧及灵活性。本作品中，我尝试用一株苔藓球和一只方形紫砂壶呈现出"方"与"圆"的矛盾统一规律。画面中的紫砂壶方正威仪，苔藓球柔滑无棱，但通过精心构图，两者并不彼此排斥，而是相向顾盼，形成互补的、和谐统一的场景效果。

创作心得 苔藓球的制作不用盆盎，而是用土壤包裹植物的根部并捏成圆形后，直接被覆苔藓即可。制作苔藓球所用的植物以常绿的观叶植物或小型花卉为主，在本作品中，我以一株榕树小苗参与苔藓球的制作，充分利用了榕树耐旱、生命力顽强的特点。

秀色可餐

植物：苔藓
盆器：陶釉盆
盆高：5cm
摆件：面包、紫砂茶具

作品欣赏 现代人的生活越来越快捷、简便而精致，早晨起床后几片面包、一杯咖啡是快节奏年轻人通常的生活方式。但是，我认为这样的早餐好像缺了些什么。是什么呢？是生命的绿色。于是在本作品的构图中，我在餐桌上摆放了一盆苔藓。进餐时眼前有这么一抹绿色，心绪自然清朗，可谓"秀色可餐"也！近年来，社会上已逐渐流行起将苔藓盆栽放置在茶席上，以营造雅致和宁静的休闲氛围。

创作心得 对苔藓的培植往往存在一种认识误区，即认为苔藓喜阴、喜潮湿，怕阳光照射，因此在培育苔藓时浇水过多而光照太少，导致苔藓的生长不茂盛。其实苔藓生长的环境以高湿度、半日照为佳，地表过湿甚至积水才是苔藓生长的大忌。

作品欣赏　本作品欲表现即使是在被称之为"生命禁区"的极高海拔地区，依然有生命顽强地存在。作品中，由沉木摆件构成的陡峭山峰令人望而生畏，而横卧的一块砖和一只旧木器，则象征山脚下的丘陵地貌，通过对比也愈发凸显出山峰之高危。然而就在这般险恶的自然环境中，依然可见到绿色的生命——苔藓。作品中仅有苔藓这一种植物，表明在如此高寒缺氧的地域，生命的存在是何等的艰难与可贵。

创作心得　在盆景小品构图时，要处理好形似与神似的关系，神似往往比形似更具有艺术的审美价值。以本作品为例，沉木摆件（孤峰）虽算不上形似，却具备了险峻峰峦的气质，可谓神似。因此，在创作中应当追求构图元素的神似效果，而不要因拘泥于形似而使作品失去精神光泽。

生命禁区

植物：苔藓
盆器：青砖高2.5cm；旧木器高6cm
摆件：沉木摆件（孤峰）

第三章　构图方式

在本章中，我将构图方式归纳为以下3种。

1. 单株成景 单株成景是传统型盆景的基本特征之一，即作品仅呈现出盆盎内植物自身的艺术表现力，而不添加任何摆件。这种构图方式对于盆景造型技艺具有较高的要求，任何瑕疵都难以掩饰，是对创作者盆景制作功力的检验。

2. 盆内组合成景 盆内组合成景是指在盆盎中除了植物外，还放置了其他有助于营造作品意境、增强作品感染力的摆件等。盆内组合成景是传统型盆景应用最为广泛的一种构图方式。

3. 盆内外组合成景 盆内外组合成景是指通过在盆景外摆放构图元素的方式，起到营造意境、拓展画面空间、增强作品艺术感染力的作用。盆内外组合成景是形式最为活泼、造型最为生动、创意空间最大的一种盆景小品构图方式，我应用得较多。

报春第一枝

植物：梅花

株高：35cm

盆器：紫砂盆

作品欣赏 梅花又称春梅、红梅、干枝梅等，为蔷薇科李属，花期2~4月。国人寓意梅花"坚贞不屈""品格崇高""清友""清客"等，因其神、韵、香、色、姿均属上乘，故历来为我国著名的观赏植物之一。元代杨维桢"万花敢向雪中出，一树独先天下春"的诗句，便是早春时节梅花绽放于春寒料峭之中的真实写照。本作品中的一株梅花疏枝横斜、铁干虬枝、坚瘦如削、清姿神韵，具备了梅花独特的造型美感。

创作心得 古人对梅花的造型颇有讲究，有"梅以韵胜，以格高，故以斜横疏瘦，与老枝奇怪者为贵"的论述；另有"梅有四贵：贵稀不贵繁；贵老不贵嫩；贵瘦不贵肥；贵合不贵开"之总结。本作品属于单株成景，要通过梅花植株的姿态来表现《报春第一枝》的作品意韵，故我多年来在其造型上下了一番功夫。

旗 云

植物：雀梅
株高：23cm
盆器：紫砂盆

    作品欣赏 在珠穆朗玛峰的脚下，只要是晴天，总可以看到珠峰顶上有缭绕的云朵，它是由对流性积云形成的，像一面高高飘扬的旗帜，被称之为"旗云"。画面中，雀梅的树干遒劲曲折，树冠则充满了张力，如同顽强抵御着高原劲风而不离不弃地环绕在珠峰周围的"旗云"一样。我选用一只方口高盆栽培，更烘托出珠峰的高耸与险绝。

    创作心得 树木盆景可以借鉴绘画艺术中的"点、线、面"来分析归纳其造型特点。本株雀梅的树冠可以看作是一个呈不规则圆弧状的"面"，这个面由无数树叶形成的"点"组成，遒劲弯曲的树干则具有"线"的属性，"点、线、面"的合理组合构成了一幅精美的盆景立体画。

腾云

植物：雀梅

株高：35cm

盆器：紫砂盆

　　作品欣赏　作品中的雀梅造型犹如一条在彩云间嬉戏的苍龙，树型独特、层次分明、变化生动、潇洒自然，我为作品题名《腾云》。本株雀梅的树冠形态开张，而桩干基部不够粗壮，为了弥补这一缺陷，我在盆面放置了一块英德石，起着稳定重心的作用。

　　创作心得　二十多年前我刚买回这株雀梅时，现在的主干仅仅是一根细弱的副干，后来主干缩枝枯死，副干便挑起了"大梁"。我因势利导，根据副干的走势重新调整植株的形态，经过多年的培育和养护而逐渐定型。雀梅植株容易发生缩枝现象，轻者影响原有的造型，严重者甚至导致死亡，因此在修剪枝条时要注意抑强扶弱，促使所有枝条均衡生长。

作品欣赏 竹类枝干挺拔、虚心有节，古代士人以竹比喻虚心自持的美德及刚正不阿、气节高尚的品格，所谓"玉可碎而不可改其白，竹可焚而不可毁其节"，故我国历来有用竹类盆景表达"高风亮节"题材的做法。本作品中，一丛凤尾竹竹秆细长、叶狭密生、姿态秀丽、翠绿清幽、令人六月而忘暑；竹林下松软如地毯的苔藓上，两位老翁正在全神贯注地进行着一场棋盘上的"厮杀"；竹影婆娑，给这幅轻松惬意的场景抹上了迷人的色彩。

创作心得 本作品在盆盎内添放了一只陶瓷摆件，对于表现作品主题起到了"画龙点睛"的作用，这便是盆内组合成景的妙趣。凤尾竹的萌发能力强、生长速度快，如不经常修剪，容易疯长而失去观赏性。为拍摄本作品，我在萌发春笋时掐除了过密的幼笋，并在养护过程中反复进行控高、疏枝、摘除枯叶等处理，使其始终保持清新疏朗的姿态。

弈棋幽篁

植物：凤尾竹

株高：45cm

盆器：瓷盆

摆件：陶瓷人物

热带风情

植物：苏铁
盆器：紫砂盆
盆高：12cm
摆件：陶瓷人物

作品欣赏　苏铁别名铁树，属于热带、亚热带植物，是现存最古老的植物之一。苏铁具有树形古朴、主干粗壮、坚硬如铁、叶锐如针、四季常青、生长速度缓慢等特点，是优良的盆景观叶植物。在本作品中，我用一株多头丛生、婀娜多姿、浓荫密布的苏铁营造出一幅热带风情的作品，陶瓷摆件上的两个人物正享受着树荫的凉爽哩。

创作心得　用浅盆栽种多头苏铁不仅能充分展现各个茎干，且因浅盆装土少，有利于控制叶片徒长和避免盆土积水烂根。多头苏铁的叶片宜短小，可于春季植株发出的叶芽尚未展开时，结合翻盆剪去大部分根须，使叶芽短期内无法吸取充足的养分而达到造型目的。苏铁新叶有很强的趋光性，故发叶期间应每隔2~3天转盆一次，直至叶片定型、色泽由浅绿变为深绿为止。

作品欣赏　"香格里拉"一词源于美国作家詹姆斯·希尔顿的长篇小说《消失的地平线》。在该书中，首次描绘了一个远在东方崇山峻岭中的永恒、和平、宁静之地——香格里拉，那是在中国藏区地处雪山环抱中的一条神秘峡谷，那里不仅是一片美丽的自然景观，还有一种近似于世外桃源般的美妙意境，令世人无限向往。我按照"香格里拉"一词所蕴藏的意境创作了本作品。

创作心得　在本作品中，我用一段枯木桩作为盆器，所表现出的大自然原生态之美，是市售的各种定型盆器所无法比拟的。木桩上的种植面积有限，我通过巧妙构思，栽种了榕树、虎耳草、麦冬等较耐旱的植物，然后被覆青苔，放置石块和陶瓷摆件，营造出一幅神秘、幽静的山野景色。盆景制作完成后，我并未马上拍摄图片，而是放置在露天庭院中养护了较长时间，使各种植株包括青苔都逐渐适应了其生长环境，画面显得更加生动逼真。

香格里拉

植物：榕树、虎耳草、麦冬
盆器：枯木桩
木桩尺寸：长43cm、高20cm
摆件：陶瓷房屋、山石

生如夏花

植物：秋海棠

盆器：瓷盆

盆高：30cm

摆件：纳西族东巴纸簿

作品欣赏 "生如夏花之绚烂"是印度著名诗人泰戈尔的名言，如此美好的诗句，我想到了用秋海棠来表达。作品中，一丛秋海棠象征绚丽多彩的人生；一只装帧古朴典雅的纳西族东巴纸簿，象征对人生历程的忠实记录。东巴纸是我国纳西族用来记录东巴经和绘制东巴画的一种专用纸，是一种珍贵的、用古老造纸工艺制作的手工纸，有"千年不腐"之说。

创作心得 盆景小品中的每一个看似平常的构图元素，往往都浸透着创作者深思熟虑的心血。以本作品为例，一株秋海棠用一只高盆栽种，与台面上的笔记本形成落差，从而展现出两种不同几何图形物体的构图美感；一只通体洁白的高盆，突显出秋海棠的高洁与绚烂；用东巴纸簿作为摆件，则赋予生命以醇厚朴实、永世流传的精彩。

海盗寻宝

植物：肉质类
盆器：瓷盆
盆高：5cm
摆件：海盗船摆件

  作品欣赏 这是一幅表现海盗题材的作品。海盗历来给人们以诡异、强悍、凶残等印象，作品中的一只海盗船庞大、坚固、装备精良。海盗船长跳上一块礁石，他叼着烟斗，右手拿着望远镜，左手摊开了一张寻宝图，正在按图索骥地寻找神秘的藏宝地点；在作品纵深处，一名"独眼龙"海盗正在肆意酗酒。作品中的一盆生长于炎热地区的肉质类植物，表明海盗船位于热带或亚热带海域。

  创作心得 本作品的故事情节是围绕着海盗寻宝展开的，主体构图元素都是摆件，而一盆小型肉质类植物仅处于从属地位，但是在创作时不能因为某个构图元素处于从属地位就忽视它，仍应精益求精地挑选和构思画面，力求取得尽善尽美的艺术效果。以本作品中的植物为例，之所以选择肉质类植物，是因为海盗们身着的单薄衣衫表明了炎热的环境气候特点，而肉质类植物的生长环境与之相匹配。

雪霁

植物：枸杞
盆器：陶釉盆
盆高：15cm
摆件：陶瓷房屋、小桥

作品欣赏　在本作品中，我用一株休眠期的枸杞、一组陶瓷摆件构成了一幅雪后的乡村景色。尽管画面上白雪皑皑、四野茫茫，但家乡故土的宁静安详却能够让游子们感受到温馨和温情。此刻，太阳照耀在雪后的原野上，画面愈加显得生动，故题名《雪霁》。

创作心得　本作品中的盆器及配件均为深棕色，表现了雪野中古村落的古朴与宁静。一般而言，在同一幅盆景小品中，配件的质地与色彩应当尽量统一，以免显得杂乱。本作品上有大量的留白，留白手法可以在有限的画面上营造无限的空间，激发观者的空间想象力。在纵深较大的画面上布置构图元素时，还要注意比例及前后的透视关系，才能取得理想的视觉效果。

危卵

植物：黄杨

株高：35cm

盆器：紫砂盆

摆件：山石、鸟窝、鹌鹑蛋、
公仔摆件（猫）

作品欣赏　春天里，小鸟在树梢上做了窝，下了蛋，准备着孵小鸟哩。可是有一天，正当鸟儿们出去觅食时，一只黑猫悄悄地出现了，它已经垂涎这个窝里的两只鸟蛋好多天了，就是没有机会下手，这会儿机会来了！瞧它那副志在必得的神情，这两只鸟蛋真是危在旦夕了！遂为作品题名《危卵》。

创作心得　本作品中的一株黄杨尚未进行细致造型，并无多少观赏价值，但在表现大自然题材的盆景小品中，"野生"状态或"半成品"状态的植株往往亦能生动地表现出作品的意境。因此，盆景小品创作者不仅要能制作造型精湛的盆景精品，也应储备多种类、多形态、不同生长阶段的植物，以供创作时挑选使用。

第四章 树型

在本章中，我列举了以下15种盆景树型。

1. 直干式　直干式以树干直立生长为特征，是山林或平野中最常见的树型。在日照充足和通风良好的生长地，树木受外力影响少，能够自由地向上生长，故而常常形成这种直干式树型。直干式树型有挺拔向上、顶天立地、刚正不阿、正气凛然的阳刚之美。

2. 斜干式　斜干式是指树木的主干倾斜向上生长的树形。通过倾斜生长的枝干，可以表现树木在自然界中向阳生长的形态。斜干式树型的倾斜角度可大可小，但均需重心稳定，给人以既有动感又显稳重的视觉效果。

3. 曲干式　曲干式是指树干弯曲生长的一种树型。大自然中生长的树木常因顺应光照角度、风吹方向或避开阻碍生长的遮碍物，导致主干弯曲生长，形成曲干式树姿。曲干式盆景在造型上有弯曲方向和急缓的不同，从而呈现出各种姿态，历来受到盆景界的推崇。

4. 临水式　临水式是指植物的主干横出盆外但不下垂倒挂，宛若临水之木伸向远方。临水式植株通常选用较深的盆器栽种，以衬托其主干伸向远方的临水之感。

5. 悬崖式　悬崖式是指从树桩的基干处翻转向下，悬挂于盆沿的树型。大自然中生长在山崖石壁间的植物大多生长艰难，且长期遭受强风侵袭，无法正常向上生长，转而呈匍匐或悬垂生长。悬崖式树型的观赏性强，在创作某些特定题材的盆景小品中不可或缺。

6. 文人树式　文人树式既是指树木盆景的一种造型样式，也是指一种特别的艺术风格，其造型样式及艺术风格均与中国的传统文人具有千丝万缕的联系。一般而言，文人树式具有孤高、清癯、凛然、飘逸、简洁、淡雅等造型特点，宛若传统文人的风骨仪态。近些年来，随着社会人们个性的张扬，文人树式盆景也越来越受到人们的追捧和喜爱。

7. 象形式　象形式是指用树桩盆景某一部分的形态来象征大千世界里的某一物件，以激发观者的好奇心。一株好的象形式盆景应当具有因形赋意、具象与抽象相结合、形似与神似相结合的特点，而不可刻意追求所谓的"逼真"，过于形似反而会失去艺术价值。

8. 附石式　附石式是指树桩附着于石头生长的一种盆景形式。该式营造出溪谷、断崖、峭壁、孤岛等比较严峻的自然环境，表现出树与石结合为一体的共生共存状态。小型附石盆景的制作具有取材容易、成型快捷、成本低廉等优点，且因其体积小、重量轻、搬动容易，适合于盆景小品的创作。

9. 附木式 附木式是指植物附着于枯木生长的一种盆景形式。在自然界中，附木式植物的生长形式主要有两种：一种是植物扎根于地面，借助于枯木攀缘向上，这类植物以藤蔓类为主；另一种是植物的种子直接在枯木上生根发芽、新根伸入腐朽的木质内吸取养分，或顺着枯木向下延伸，扎入地面继续生长。在盆景小品创作中，附木式不如附石式应用广泛，但若素材奇特、构思巧妙，则完全能够创作出精品盆景。

10. 点石式 点石亦称配石，是指在盆面上或盆土中点缀布置少量的山石。点石的品相十分重要，以石质硬、纹理好、瘦高而有曲线变化、表面多皱纹、玲珑剔透者为上佳。"云头雨脚"状奇石是盆景点石中最独特的形态，自古便受到盆景界的追捧。

11. 一本双干式 一本双干式是指树木出土不高即分成两个树干。一本双干式是树木在大自然中生长的一种形态，由于具有特定的形态，常常被寄寓人们的内心情愫而提升了作品的艺术感染力。在盆景小品创作中，一本双干式往往能够表现丰富多彩的作品主题。

12. 提根式 提根式亦称露根式，是指将树根逐渐升至盆面以上一段距离，从而表现出该部分树根稳健、有力的观赏特点。盆景界有"树不露根，形如插木"的论述，树桩露出根爪方能显示出老树的韵味，而提根式则更能彰显树根的精彩之处。

13. 丛林式 丛林式亦称合栽式，是指将多株植物栽种在同一个盆器中。该式盆景由于有大自然山野林泉的幽深景象，能够满足人们向往自然的情趣，故广受喜爱。用人工繁殖的小树苗制作丛林式盆景，还可缩短植物的成材周期。

14. 山水式 山水式盆景往往以浅盆为基础，通过在盆内布局经过锯裁的景石、经过修剪造型的树木以及经过反复斟酌而选定的配件等，创作出表现某一特定主题的、符合自然山水风貌的盆景作品。

15. 枯荣式 枯荣式是通过植物枯朽斑驳枝干与生机勃勃枝干并存的现象，表现出与命运顽强抗争的不屈精神，或呈现出"枯木逢春"的画面效果。

香闺春深

植物：石榴
株高：45cm
盆器：紫砂盆
摆件：檀香木屏风摆件、香囊

作品欣赏　唐代子兰写有《千叶石榴花》诗："一朵花开千叶红，开时又不借东风。若教移在香闺畔，定与佳人艳态同。"本作品中，一只4折檀香木屏风象征中国古代大户人家女孩子养成的深闺，一株绽放着石榴花的盆景刻画出女孩儿的艳丽娇嫩，一只香囊则表现出香闺中的儿女情长，于是为作品题名《香闺春深》。

创作心得　创作一幅盆景小品时，要经过充分的构思与酝酿，选择最为恰当的构图元素，使作品的主题与意境得到淋漓尽致的发挥。我在创作本作品时，便是挑选出手头拥有的几种最能代表少女特征的构图元素，从而表现出作品应有的意境。

入云深处

植物：榕树
株高：42cm
盆器：紫砂盆
摆件：白鹤摆件

    作品欣赏　我运用岭南派"蓄枝截干"的技法，截去这株榕树的若干个大枝，促其萌发新芽，得到了合理的枝干比例，形成了高耸挺拔、过渡自然的直干式树型；裸露的桩干及交叠的气根，则表现出榕树古朴刚劲、嶙峋突兀的特点。在桩干处嬉戏的两只白鹤，带给观者宁静祥和、环境清幽的感受，题名《入云深处》。

    创作心得　直干式造型有高干和低干之分，前者下部无枝，形态清癯孤傲；后者下部出枝，形态矮墩稳重，本株榕树的造型则介于两者之间，既充分展示了遒劲有力、气根蟠曲的桩基部，又通过较高的出枝点表现出挺拔高耸的古树形象。

作品欣赏 元代马致远《天净沙·秋思》词曰："枯藤老树昏鸦，小桥流水人家，古道西风瘦马。夕阳西下，断肠人在天涯。"该词深深地表现出孤独旅人在漂泊中的忧伤。我根据该词的意境，创作了《老树昏鸦》。作品中，一株海棠树的树叶已被秋风吹尽，两只昏鸦无精打采地栖落在枝头，老树下的小桥和房屋空寂无人，惨淡的夕阳将画面笼罩在令人忧伤的氛围之中。

创作心得 拍摄本作品的时间是6月初，海棠树原本枝繁叶茂，但为了表现作品的意境而摘除了全部的叶片。这种手法称作"脱衣换锦"法，即摘除全部叶片而令其重新长出具有观赏价值的新叶，在一些大型盆景展览前应用较多，我只是未待其长出新叶便完成了创作工作。作品中的两只乌鸦是我根据画面尺寸用黄杨木雕刻而成的，再涂上黑的颜色，可见自己动手制作摆件既实用又有趣。

老树昏鸦

植物：海棠
株高：41cm
盆器：紫砂盆
摆件：陶制摆件、自制乌鸦

作品欣赏　作品中的远景是我用枯木制成的摆件，单独陈设时，只能看出它的苍茫与枯寂，然而在它的一侧摆放了一株红枫盆景后，一抹红色使得整幅画面顿时活跃和生动起来。红枫是万木萧疏的寒秋时节奉献给大自然的最后一抹靓丽色彩，也常常被人们打上精神世界的烙印。树叶色彩的变化，与树叶中含有的多种色素如叶绿素、叶黄素、胡萝卜素和花青素等有直接关系。红枫经霜染红是花青素起的作用，到了深秋时节，叶绿素不断减少，而花青素却不断增加，使树叶转红而深受人们喜爱。

创作心得　本作品在构图时注意了各构图元素间的比例关系，枯木摆件上配置的石亭、石屋和树景比例恰当，营造出开阔、深远、宁静的画面效果；一株红枫盆景与枯木摆件前后略加重叠，增加了画面的视觉纵深，有"望山跑死马"的遥远距离感。

寒山红叶

植物：红枫
株高：34cm
盆器：紫砂盆
摆件：枯木摆件

作品欣赏 迎春是早春时节的重要花木，它绽放于百花之前，朵朵金黄色的小花缀满枝条，传递春回大地的消息，迎春还与梅花、水仙、山茶合称"雪中四友"。在本作品中，我用一只玻璃鱼缸作为摆件，两条热带鱼嬉戏于水中，与迎春共同营造出早春时节的动人韵致。迎春既可观花亦可观叶，拍摄本作品时，这株迎春正处于花谢不久、嫩芽初长的时候。

创作心得 清代沈复在其《浮生六记》著作中对盆景植物的取势曾有描述："若新栽花木，不妨歪斜取势，听其叶侧，一年后枝叶自能向上。如树直栽，即难取势矣。"作品中的这株迎春取斜势生长，恰当地表现出河岸树木的生长态势，与右侧的水景形成呼应。拍摄早春时节"鱼戏水"这类题材的作品，鱼缸中的水宜浅不宜深，因为春天的鱼儿能最先感受到浅水区的升温，纷纷聚集于此觅食、产卵，故而浅水方能表现出春季鱼戏水的特点来。

戏春水

植物：迎春
飘长：42cm
盆器：紫砂盆
摆件：玻璃鱼缸

作品欣赏　本作品拍摄于我书房的一角。夕阳西下，屋内的光线已经渐渐黯淡下来，我通过反光板将窗外的自然光线反射到画面的景物上，给人以向晚时光的温馨感。作品中的毛笔和笔挂，是传统型书斋最具代表性的物件之一；一只小巧玲珑的珊瑚石摆件，象征屋主人的闲情逸致；几只茶具上的红鲤鱼图案，打破了书斋的沉闷气氛。黄杨也是最适宜摆放在书斋中的盆景植物之一，它极为缓慢的生长速度，暗合了中国古代文人"两句三年得，一吟双泪流"的严谨治学态度。

创作心得　创作盆景小品的植物有多种来源，既可以从市场上购买成熟、半成品桩材，也可以购买生桩栽培，还可以从小苗的繁殖、培育入手。有小苗繁殖和培育条件的创作者，应鼓励走亲手繁殖培育之路，以减少对市场的依赖，这不仅节约经费，且有利于环境保护。本作品中的一株曲干式黄杨便是我从小苗开始培育的。

向晚时光

植物：黄杨
株高：33cm
盆器：紫砂盆
摆件：茶具、毛笔、笔挂、
　　　珊瑚石摆件

酒薄诗穷

植物：黑松
飘长：33cm
盆器：塑料盆
摆件：笔墨、陶瓷人物

作品欣赏　文人历来与酒有不解之缘，作品中老者的诗做到一半便诗兴穷尽，索性弃笔，抱着一只喝空了的酒坛难弃难舍，大有未尽酒兴之意。醉意中，他将毛笔掷在稿纸上，墨渍弄污了稿纸他也无怜惜之意。作品中的一株黑松为临水式造型，姿态放纵奇崛，与画面中的人物相呼应，增强了画面的动感，彰显出老者仙风道骨的精神风貌。

创作心得　曲干式树木盆景的姿态富于流动性，艺术语言丰富，本作品中一株曲干式黑松飘逸、孤傲的树姿对于画面人物的内心刻画起到了很好的作用。松柏为百木之长，具有"遇霜雪而不凋，历千年而不殒"的优良品格，常用来表现坚贞不屈的人格，也成为文人士大夫精神气质的写照，故松柏在盆景小品创作中具有广泛的用途。

岳寺春深

植物：榔榆

株高：30cm

盆器：瓷盆

摆件：青田石雕（山寺）

作品欣赏 作品左侧是我十多年前买回来的一株榔榆"下山桩"，经过多年来坚持不懈地修剪造型，逐渐形成了主干由粗变细、曲线婀娜流畅、出枝位置合理、云片优雅秀逸的造型特点，古拙而富于禅意。作品的右侧是一座青田石雕，石质上乘，雕工老到，表现的题材是山中古刹。我将石雕与盆景组合在一起，构成了一幅林中古寺的画面，观者静心品味，仿佛能听见穿越林梢的山寺晨钟暮鼓声，故题名《岳寺春深》。

创作心得 我选择这株榔榆参与作品构图，除了看重它的造型外，亦看重它落叶乔木的属性，即春季发芽，初夏新绿，秋天黄叶，冬季落叶，这一周而复始的生长轮回方式颇具禅意，也与作品的主题暗合。

山月当窗

植物：榔榆
飘长：18cm
盆器：陶釉盆
摆件：寿山石、陶制茅屋

作品欣赏 宋·朱熹《西江月·睡处林风瑟瑟》词曰："睡处林风瑟瑟，觉来山月团团。身心无累久轻安。况有清池凉馆。句稳翻嫌白俗，情高却笑郊寒。兰膏元自少陵残。好处金章不换。""山月"在文学作品中常用于描述悠然自得的隐逸生活，亦寓意高洁的精神世界，我根据朱熹诗中"山月"的意境创作了《山月当窗》。

创作心得 临水式盆景除了表现与水有关的盆景小品题材外，在更为宽泛的题材中亦可有所作为，关键是要准确把握住作品的意境。以本作品为例，一株临水式榔榆盆景与寿山石、陶制茅屋相搭配，榔榆飘枝投射下来的树影仿佛山月的清辉一般令人心旷神怡。

逝者如斯

植物：黄杨

飘长：26cm

盆器：紫砂盆

摆件：青藏石

作品欣赏 《论语·子罕》记载："子在川上曰：逝者如斯夫！不舍昼夜。"该段文字是说：孔子曾在河边感叹道：奔流而去的河水如此匆忙，白日黑夜不停地流淌，一去而不复返啊！该段文字精辟、生动地喻示时间流逝之快及世事变换之迅即。在作品中，我用一块被水流冲刷、剥蚀得满目疮痍的石头来揭示时光的流逝，用一株临水式黄杨盆景及其底座来营造高高的河岸，整幅作品表现出《逝者如斯》的内涵。

创作心得 临水式盆景是植物的主干横向出盆，形成沿水面向远方延伸的态势。在这一大致样式下，可以有诸多的表现差异，如植物种类的不同、主干曲直的不同等等，这些差异会对作品的意境产生微妙的影响。本作品所选用的一株黄杨主干刚劲有力，质朴而少有扭曲变化，体现了"大道至简"的古代哲学思想，亦与作品的主题和谐统一。

抱朴守真

植物：黄杨
飘长：28cm
盆器：瓷盆
摆件：《心经》抄写本、书签

　　作品欣赏　"抱朴守真"一词出自《老子》第十九章："见素抱朴，少私寡欲。"意即一个人要保持朴素、纯真的本性，守住本真，不要为物欲所诱惑。在本作品中，我用一册《心经》抄写本作为摆件，一株临水式黄杨盆景的飘枝探向《心经》，彼此构成了一种亲密的呼应关系。

　　创作心得　创作盆景小品时，选择的植物应与作品主题有某种内在联系。以本作品为例，我所选择的黄杨是一种生长极为缓慢的树种，本身即具有含蓄的、朴实无华的优良品质，用其来表现"抱朴守真"这一类作品题材颇为贴切。

作品欣赏　筋斗云是《西游记》中孙悟空的法术之一，一个筋斗云便能去到十万八千里外的地方。本作品中，长达77cm的飘枝跌宕起伏、险峻诡异；孙悟空手持金箍棒立于云端，仿佛与妖魔大战而翻了一个筋斗。树的走势像是"筋斗云"的线路，而早春初泛嫩绿的枝叶则如同被筋斗搅动了的云彩。

创作心得　这株榆树是我多年前采取空中压条繁殖的一根细长枝条，将其设计成悬崖式造型，但用纤细枝条做成悬崖式盆景有柔弱无力感，故先使主干往上走，然后急转下跌，但跌中有停，主干在盆腰处止跌横展，保住了榆树造型上的气势，呈现出榆树与恶劣环境抗争的顽强生命力。

筋斗云

植物：榆树
飘长：77cm
盆器：紫砂盆
摆件：公仔摆件（孙悟空）

春江烟云

植物：榆树
飘长：75cm
盆器：紫砂盆
摆件：竹筏、陶瓷人物、卵石

作品欣赏　作品中的一株榆树遒劲飘逸，沿着水面悠悠伸向远处的枝干使人联想起江河、溪流旁生长的树木形态，茂密的嫩绿新芽则像是一团团徘徊在水面上的春雾。一块卵石、一只竹筏、一位髯鬓钓翁，愈加勾画出江溪的情景。我是在榆树刚出新芽的初春时节拍摄的这幅作品，满树新芽恰好衬托出《春江烟云》这一作品主题。

创作心得　作品中的榆树是我通过空中压条方法繁殖的，经过多年培育造型而形成悬崖式盆景。作品中的渔舟很传神，它是我在竹林中捡拾到的一段竹根，岁月的侵蚀已使它面目全非，却成为表现渔舟的好素材。我认为，野外的或生活中的一些老、旧、残物品往往可成为制作盆景小品的绝佳辅件，摆放在作品中，常常令人发出"踏破铁鞋无觅处，得来全不费工夫"的感叹。

天涯静处

植物：榆树
飘长：77cm
盆器：紫砂盆
摆件：茶具

作品欣赏　本作品中的一株榆树是我通过空中压条繁殖方式获得的，由于年功不够，枝干显得纤细稚嫩，但在创作本作品时却看中了它，因为其大飘枝造型能够与桌面上的茶具产生强烈的呼应关系。榆树基干部位的折弯造型似呈菱形，过渡不够自然，我便用一只方口高筒盆栽种，使两者的几何图案既有差异性又有统一性，从而增添了审美趣味。

创作心得　在作品构图时，为了避免画面中多个构图元素彼此平行所造成的呆滞感，我通过画面的斜向构图来增加动势；又通过六只茶盏的等距离排列，使同一构图元素有规律地反复出现，形成了节律美感。由此可见，当一幅作品中有较多构图元素时，需要通过精心设计才能获得较为理想的效果。

烟花三月

植物：黄杨
株高：43cm
盆器：瓷盆
摆件：扇形漆器

作品欣赏 脍炙人口的"烟花三月下扬州"诗句，出自唐·李白《黄鹤楼送孟浩然之广陵》一诗，意指在柳絮如烟、繁花似锦的阳春三月去扬州远游。本作品的左侧是一幅扇面漆器，图案用闪烁银光的螺钿嵌拼而成，描绘了"烟花三月"扬州瘦西湖的美景；右侧是一株黄杨盆景，具有孤高简约、枝型稀疏的文人树特征。我之所以用一株文人树盆景来表达"烟花三月"的作品主题，是因为扬州灿烂的历史文化与历代文人墨客形影相随。

创作心得 表现高古、典雅、禅意一类题材的盆景小品，其植株造型宜选用文人树式，文人树在造型风格和精神气质上与传统的文人画有异曲同工之妙，不仅主干的中下部极少出枝，即使是在顶端，往往也是寥寥数枝，表现出清新隽永、清高绝伦、大道至简的深邃意境。

耕读传家

植物：马齿苋树
株高：42cm
盆器：紫砂盆
摆件：陶瓷人物、山柴

　　作品欣赏　作品中的这株马齿苋树八年前因濒临死亡而被人遗弃，经过我的精心养护渐渐成活过来。又经过多年的整枝造型，形成了枝干苍劲古雅、叶片碧绿清纯的特点。我通过一些配件的摆放，画龙点睛地突出了《耕读传家》的作品主题，瞧！一位樵夫利用担柴歇息的工夫，正手不释卷地认真攻读着学问。本作品乃是对中国古代"耕读传家"美德的一番写照。

　　创作心得　马齿苋树又名金枝玉叶，为多年生肉质草本植物，老茎浅褐色，嫩茎紫红色，肉质叶片很像马齿苋。马齿苋树的萌发力强，故造型应以修剪为主、蟠扎为辅，并可根据造型需要加以重剪。马齿苋树为阳性植物，光照越充足则生长越健壮，从而形成株型紧凑、叶小肥厚、树冠丰满的树姿，颇具观赏价值。

作品欣赏 唐·雍陶《题君山》诗云："烟波不动影沉沉，碧色全无翠色深。疑似水仙梳洗处，一螺青黛镜中心。"在本作品中，右侧是一株"素仁格"榆树盆景，在枝叶造型上表现出求疏不求密、求高雅而不求华丽的特点；主干虽较细瘦，但不失苍老形态。左侧浅盆中的一块螺纹形黄河石如同古代女子梳妆的发髻。我将两种构图元素组合在一起描绘该诗的意境，并题名《一螺青黛》。

创作心得 在这株榆树的造型上，我取斜向栽种，并使主干直中寓弯，弯中有直，枝叶疏密有致，潇洒自然，表现出文人树"瘦、高、疏、简、雅、劲"等要素。赏石应用得当，则可丰富文人树作品的精神内涵。

一螺青黛

植物：榆树
株高：48cm
盆器：瓷盆
摆件：黄河石

鹿回首

植物：榕树
株高：25cm
盆器：紫砂盆
摆件：灵芝

作品欣赏 画面中的榕树像一只雄鹿，树冠像健壮的鹿角，树干扭曲似在奔跑时猛然回首的瞬间，是什么吸引了一只奔跑中的鹿的注意力呢？哦！原来它发现身旁生长着一株灵芝草，这可是难得一见的仙草啊！在中国古代，灵芝被称为仙草或瑞草，画面中摆放一株灵芝，对突显作品主题、渲染意境起到了重要作用。

创作心得 象形式盆景的制作，大多是在具有一定先天象形基础的植物上进行的，这一点很重要，如果所选择的植株连一点象形的基础都没有，完全靠人工拿捏，则难以获得成功的作品。本作品中的一株榕树，首先从它自然扭曲的桩干形态上看到了"鹿回首"的雏形，在以后的造型过程中将重点放在"鹿角"的造型上，创作出来的作品介于似与不似之间，方才保有天趣。

作品欣赏　本株榕树盆景属于象形式，其桩干粗壮蟠曲呈螺旋状，极具动势，似剑客之披风；树冠呈弧形，充满张力，似剑客之斗笠。整幅作品如同一位怒发冲冠、铁骨铮铮的壮士，颇有"风萧萧兮易水寒，壮士一去兮不复还"的悲壮气概，故题名《壮士》。

创作心得　榕树盆景的制作具有地域特征，但无论何种造型风格，其共同特点是大多选用浅盆栽种，一方面有利于显露提根及桩干的艺术造型，另一方面由于浅盆的土壤少，有利于防止枝叶疯长而掌控树型。本株榕树盆景亦用浅紫砂盆栽种，盆土少且数年未翻盆，植株仍长势良好，可见榕树具有顽强的生命力和坚韧的造型能力。

壮 士

植物：榕树
株高：31cm
盆器：紫砂盆

云光山色

植物：榕树
盆器：紫砂盆
盆高：7.5cm
石料：钟乳石

作品欣赏 我以钟乳石和榕树为素材，创作了这幅附石式盆景。作品中的钟乳石雄浑遒劲、形态奇特、色泽匀称且有光泽；四株小榕树附石上盆后经过近一年时间的培育，根须贴着石壁生长，显示出婀娜多姿的神态，并具有根虬绕山、抱石而生的神韵。整个作品具有云光山色之气象，故名《云光山色》。

创作心得 钟乳石是在碳酸盐岩地区的洞穴内，经过漫长的时间而形成的石钟乳、石笋、石柱等不同形态的碳酸钙沉淀物。钟乳石表面的沟壑、孔隙甚多，极有利于附石植物根茎的安插分布，且容易形成树石交融的审美效果，因此是附石盆景制作受青睐的石种。榕树四季常青、叶片葱郁、根群发达，且根部的附着力和穿透力很强，是制作附石盆景的好树种。

作品欣赏　唐·杜甫在《望岳》一诗中有云："会当凌绝顶，一览众山小。"表达了自强不息、勇攀高峰的雄心和气概。我借鉴该诗的意境，在盆盎中矗立起一块石体瘦长挺立的剑形硬石，象征一座险峻的山峰；一株爬山虎倔强地攀缘而上，领略着峰峦的无限风光，遂为作品题名《凌绝顶》。

创作心得　我在构思制作这盆爬山虎附石盆景时，对于采用何种石材考虑良久。附石盆景所用石材有软石和硬石之分，软石具有易于加工造型、吸水性能好、有利于植物攀爬生长、石体表面容易生长苔藓等优点，缺点是容易风化破损，在表现险峻、雄强一类作品题材时缺少阳刚之气；硬石具有形态自然、石形挺拔、质地坚硬、不易风化等优点，但也有不吸水、难雕凿、植物难以攀附等缺点。我考虑到本作品应当具备的雄强本色，故决定采用硬石参与创作。爬山虎的茎节上生长着许多卷须，这些卷须具有向外分泌黏性物质的吸盘，可以使植物紧紧地贴附于坚硬的石壁向上攀爬，故选用硬石不会对爬山虎的附石效果造成不利影响。

凌绝顶

植物：爬山虎
株高：22cm
盆器：陶釉盆
石料：硬石

鳞云

植物：爬山虎
飘长：26cm
盆器：紫砂盆
木料：树皮

作品欣赏 有一年秋天我外出登山时，发现在一株树叶快要落光了的粗壮杂树上，一块约莫两个巴掌大小的树皮完全从树干上剥脱下来，但并未掉落地上，而是随着风儿摆动。上前仔细打量，原来有一株依附这棵树攀缘而上的爬山虎的藤蔓连着这块树皮，并且紧贴树皮生出许多气根。这块树皮还有一个特别之处，就是寄生着一层层好似鳞片状的蕨类植物，又有一层浓密的苔藓生长在这些蕨类植物上。我从近端剪断藤蔓带回家来移栽，翌年春天这株爬山虎终于冒出了新芽。

创作心得 附木式盆景的创作应符合大自然的生长规律，表现出大自然物竞天择的魅力。本作品上，层层叠叠的鳞片、翠绿的苔藓以及飘逸的枝蔓，实在让人感叹大自然具有的鬼斧神工之魅力，为了刻画这块树皮上蕨类植物的嶙峋特征，我为作品题名《鳞云》。

云岫孤鹤

植物：榆树
株高：25cm
盆器：紫砂盆
木料：榔榆枯桩

　　作品欣赏　本作品中的附木，是多年前枯死的一株榔榆树桩，我未舍得丢弃，将其保存了起来。创作本作品时我之所以用它来作为附木，一是考虑到它与附木植物同为榔榆，具有亲缘属性；二是考虑到借助攀附生长的植物，仿佛使这株枯木续添了第二次生命。作品中，一株榔榆枝繁叶茂、生机勃勃；一只孤鹤正在云岫中小歇，彷徨着不知该飞向何方，具有一种凄凉的美感，故题名《云岫孤鹤》。

　　创作心得　附木式盆景的植株主干大多较纤细，观赏性不强，故在确定盆景的主要观赏面后，要露巧藏拙，使画面产生"老干新枝"的美感。选用的附木宜木质坚硬、耐腐蚀，否则植物尚未定型木料却已腐烂，费时费工，甚为可惜。

重阳清供

植物：菊花脑
株高：25cm
盆器：紫砂盆
木料：枯木
摆件：微型盆栽（虎耳草）

作品欣赏　人们大多不屑于用菊花脑这样普通的植物作为盆栽素材，我却另辟蹊径，从自家庭院中挖了一株含苞欲放的纤细菊花脑栽种在这只圆形浅盆内，依附于一根颇具太湖石韵味的枯木，待花朵绽放后拍摄了这幅图片。画面中的摆件是一株虎耳草微型盆栽，盆器上的"禅"字强化了画面的禅意。由于菊花脑的花期正值重阳节前后，故题名《重阳清供》。

创作心得　本作品中的一株菊花脑是移栽上盆的，如果想获得较矮小的植株，亦可在其花蕾初现如黄豆大小时，选取圆整、饱满、近根茎处的带花蕾小枝摘下扦插，然后放在阴凉处养护，保持土壤疏松湿润，并且每日叶面喷水数次，待到花蕾长大、萼破露色时，表明已经长出新根，即可分株移栽，进行盆景小品的创作。

作品欣赏　自古以来，竹一直为国人所尊崇，并赋予其"气节""虚心""矢志不移""刚正不阿"等美好寓意。竹与松、梅并称"岁寒三友"，与梅、兰、菊并称"四君子"。竹四季青翠、不畏寒暑、婀娜多姿、朴雅之至，无论何时观看均令人赏心悦目，可谓是"日出有清阴，日照有清影，风来有清声，雨来有清韵，露凝有清光，雪停有清趣。"在本作品中，盆植的一丛凤尾竹清雅、疏朗、高洁，斑驳的竹影洒落一地；一块"云头雨脚"状的英德石虽上大下小，却纹丝不动，如同一位在竹下参禅的僧人，故为其题名《山月随人》。

创作心得　虚实相生是重要的美学理念，也是盆景小品创作中需要遵循的原则，处理好虚实关系，画面才会有"呼吸"的鲜活感。以本作品为例，一块云头雨脚状的点石为实，一丛疏竹为虚，为了表现画面的"虚"，我在拍摄作品前曾对凤尾竹进行过几次疏剪。

山月随人

植物：凤尾竹
株高：38cm
盆器：紫砂盆
摆件：英德石

清风入怀

植物：榕树
株高：16cm
盆器：紫砂盆
摆件：英德石、紫砂壶、画谱

　　作品欣赏　找一个清幽的去处，泡一壶浓淡皆宜的茶，卸下世俗的面具，抖落生活的烦恼，任清风入怀、思绪乱飞，此乃人生之快意。作品中，我用一榕树点石盆景、一本书、一壶茶，构成了一幅令人心动的休闲场景。作品上的留白较多，从而显得空灵，观者仿佛能够感受到拂面清风，体会到闲适心情。

　　创作心得　作品中的这株小榕树盆景由于点石的缘故，增添了清幽之趣，可见点石技法在盆景作品中所具有的妙笔生花作用。在市面上看到的榕树，大多是将小叶榕枝条嫁接在大叶榕上，分别汲取了大叶榕桩干遒劲、小叶榕叶片细密的优点，但是由于是商业化的培育，往往存在植株形态雷同、缺少鲜明个性的缺点。我自己动手，在春季修剪榕树时将剪下的枝条扦插繁殖，榕树枝条的扦插成活率很高，作品中的这株双干式大叶榕，便是我亲手扦插而成活的。

层云叠翠

植物：雀梅
株高：56cm
盆器：瓷盆

作品欣赏 雀梅属于杂木类植物，作为盆景树种具有古朴、遒劲、潇洒、耐看的特点。本作品是一株一本双干式雀梅，树木的主干与副干形成一高一低、一粗一细的呼应关系。主干略有弯曲，却不失雄伟挺拔、气宇轩昂、巍然屹立的神韵；侧枝横出有力，层层叠叠、郁郁葱葱，故题名《层云叠翠》。

创作心得 一本双干式盆景的造型通常需注意以下几点共同规律：一是双干必有一高一矮、一粗一细、一主一次；二是双干既可同为直立式，亦可一直一斜或一直一曲；三是双干相距不可太远，且要处理好枝条的争让、顾盼关系。

树下课徒

植物：黄杨
株高：37cm
盆器：紫砂盆
摆件：陶瓷人物

  作品欣赏 本作品中的黄杨为一本双干式，一高一低、一粗一细，宛如一位长辈呵护着一位晚辈的成长。作品中的摆件刻画了一老一少两位人物，老者宛如一位自信从容、学识渊博的先生，少者则像是一位专心致志、发奋攻读的学子。作品中两种构图元素的意境颇为贴切，故题名为《树下课徒》。

  创作心得 一本双干式盆景在制作过程中要处理好枝叶的争让关系，互不相让或彼此疏远都会使作品失去亲切感。我在对该黄杨造型时尤其注意了双干之间的顾盼关系，使盆景植物显得既高洁清朗，又情深谊厚。

作品欣赏　清代朱景素《樵夫词》诗云："白云堆里捡青槐，惯入深林鸟不猜。无意带将花数朵，竟挑蝴蝶下山来。"该诗情景交融，匠心独具，将樵夫的艰辛生活描写得令人向往。本作品题名《樵夫暮归》，表现的是一位樵夫日暮而归时的情景，意境明净、清幽，刻画了樵夫对山野隐逸生活的满足感。

创作心得　本作品中的小叶紫檀属于提根式，展示出根部的自然美感。该株植物还具有一本多干的特点，从根部分出多个树干，且根部裸露于土表，彼此相连，表现出自然界中的丛林景象。我在造型上注意将提根式与一本多干式两者的特点相结合，显示出该株盆景的自然美感。

樵夫暮归

植物：小叶紫檀
株高：34cm
盆器：紫砂盆
摆件：陶瓷人物

作品欣赏　我拍摄本作品时已经是 10 月中旬，可画面中这株六月雪的白色小花依旧似繁星点点。借助该盆景枝繁叶茂、自由奔放的特点以及提根式造型，我将其与一块山石组合构图，创作出具有林泉意境的作品。提根式盆景很适合表达山野题材的作品，因为所展示出的嶙峋苍老、盘根错节的奇特树根姿态，能够表现自然界中树木遭受雨水冲刷、根部土壤流失的景象。

创作心得　盆景造型在确定最佳观赏面的基础上，应兼顾其他三面的观赏性，努力表现出盆景作品的立体效果，即四面观赏性。盆景造型中的常见缺点是植株仅有左右出枝而无景深，造成单平面的呆滞效果。我在对本株六月雪造型修剪的过程中，注重其四面观赏性，从而使其既层次清楚，又画面丰满。

林泉高致

植物：六月雪
株高：40cm
盆器：紫砂盆
摆件：山石

丛林战事

植物：石榴

盆器：紫砂盆

盆高：9cm

摆件：儿童玩具（作战士兵）

作品欣赏 我从自家小庭院中挖掘出几株每年遭受砍伐的石榴树桩，用一只浅盆栽种，再附上两块山石，构成了一幅颇具丛林野趣的石榴盆景。我以这幅丛林式盆景为主，添放了几个儿童玩具中的作战士兵，观者仿佛可嗅到战火的硝烟，感受到丛林作战的紧张激烈，故题名《丛林战事》。

创作心得 本作品由于表现的是丛林战场环境，我并未对植株进行过多造型修整，仅在拍摄作品前对植株做了必要的轻剪。对画面中9名士兵的排布注意有聚有散，使画面的视觉效果比较理想。在中国画的画理中，对构图元素的聚散很有讲究，值得盆景小品创作者借鉴。

村 溪

植物：雀梅

盆器：紫砂盆

盆高：3.5cm

摆件：聚酯摆件（鹅）

作品欣赏 唐·王驾《社日》诗云："鹅湖山下稻粱肥，豚栅鸡栖半掩扉。桑柘影斜春社散，家家扶得醉人归。"该诗生动地描绘出农家生活的景象。本作品中，我用一只椭圆形浅盆象征一条小溪，一幅丛林式雀梅盆景表示村溪旁的树丛，两只大白鹅在溪水中尽情嬉戏，好一幅村溪景色！

创作心得 本作品共栽种了11株雀梅小苗。奇数是丛林式盆景通常采用的数字，如5株、7株、9株等，以求得不对等的态势。丛林式盆景以同种树材组合最为常见，由于它们的色泽、叶片大小、生长周期、生长姿态等相似，制作成盆景后往往具有和谐的美感。

泊舟烟渚

植物：榕树
盆器：大理石浅盆
盆长：60cm
摆件：自制舟楫

作品欣赏　"渚"是指水中间的小块陆地。本作品的两侧各有一座巨石耸立的江渚，其上树木绿色葱茏。左侧江渚的峭石下，停泊着三条落了帆的行船，船工们大概正在歇息吧。一块险礁将江上航道分割为左右两半，观者仿佛能听到湍急奔流的江水声，感知过往行船的艰险。作品的前方显得江面开阔、风平浪静，而景深越往后则水道越狭窄迂回、暗礁密布、险象环生，这种从宽到窄的水体变化，强化了作品的纵深层次感。

创作心得　我在制作本作品时，对水岸、坡脚、滩头的处理力求迂回弯曲、自然精到，并运用"开与合"这一美学元素，营造出前开后合的水面效果。山水盆景由于盆浅，水分汲取少而蒸发快，故需要及时补充水分。浇水宜用喷淋法，避免盆土被冲刷掉。本幅山水盆景我已经养护了许多年，连山石上都已爬满了青苔，可见其生长环境维护得不错。

渔舟唱晚

植物：雀梅
株高：8cm
盆器：紫砂盆
摆件：大理石浅盆、青田石、黄杨树根、自制舟楫

作品欣赏 本作品属于平远式山水盆景。在画面的构图上，左前方的一株临水式雀梅微型盆景朝向水面远方，与右前方的一只小渔舟遥相呼应，仿佛是渔村家人们正翘首以盼；小渔舟朝渔村缓缓驶去，一位撑篙的渔夫和三只鱼鹰清晰可见，仿佛还隐约传来欢畅的渔歌声；暮霭中的远山分外苍茫，增加了画面的纵深感。我在拍摄本作品时注意对光线的把握，营造了暮色已至、渔舟唱晚的迷人景象。

创作心得 清代画家石涛指出："山川万物之具体，有反有正，有偏有侧，有聚有散，有远有近，有内有外，有虚有实，有断有连，有层次，有剥落，有丰致，有飘渺，此生活之大端也。"艺术理论具有普遍的指导意义，在制作山水盆景时应当注重借鉴，使盆景小品具有较高的艺术价值。

江渚云树

植物：榕树
株高：15cm
盆器：太湖石
摆件：大理石浅盆、自制舟楫

作品欣赏　我在长方形大理石浅盆的一角摆放了一只砚式小型榕树盆景，移景缩树，构成远景，象征着一座江中小渚；三只自制舟楫摆放在画面的稍近处，从而构成了画面的纵深感。本作品构图简洁，在咫尺盆盎中表现出碧波万顷、云烟浩渺、江天寥廓的视觉效果。

创作心得　山水盆景大多选用汉白玉或白色大理石浅盆，其白色盆面具有"水"的特质，结合浅色的背景板，能够产生水天一色、虚实相生的艺术感染力。本作品并未将榕树直接栽种在大理石浅盆中，这样做不仅增加了盆景小品构图时的灵活性，而且增强了画面的趣味性。

寒江叠嶂

植物：刺柏
盆器：紫砂盆
盆高：13cm
摆件：山石、老红木、自制舟楫

　　作品欣赏　本作品营造了一幅山寒水瘦的冬季景色。作品中的山，两座是天然山石，另一座是一块老红木。紧挨山崖处摆放的一株刺柏盆景，象征着松柏岁寒不凋、屹立不摇的坚贞本色。刺柏用高盆栽种，与山的高耸形成呼应。作品中尽管未使用大理石浅盆，但摆放的两只自制小舟楫使"水"的意境油然而生，仍可呈现山水式盆景的视觉效果。

　　创作心得　比例协调是重要的美学原则，盆景小品创作时尤其要注意各构图元素之间的比例关系。本幅作品在构图元素的比例关系方面，我遵循"丈山尺树寸马分人"的中国绘画理论，通过舟楫与山崖的大小比较，展示出山峰之巍峨、高耸与险绝，从而产生了强烈的画面震撼力。

一线生机

植物：雀梅

株高：15cm

盆器：紫砂盆

  作品欣赏 作品中的这株雀梅是我多年前从市场上购买来的"下山桩"，在养护过程中逐渐出现了"缩枝"现象，大部分枝条都已枯死，仅有一枝维持着脆弱的生机。在惋惜之余我想到用它来创作一幅枯荣式盆景，并在拍摄时将仅存生命力的枝条作为"画眼"来表现，题名《一线生机》也凸显了这一主题。

  创作心得 制作枯荣式盆景往往既是无奈也是顺势而为，拍摄作品时要充分反映出植株枯与荣的艺术感染力。我在拍摄本作品时未添加任何摆件，而是将镜头聚焦于植株本身的表现力上，从而呈现出一种特殊形式的生命美感。

生死相依

植物：雀梅
株高：11cm
盆器：紫砂盆

  作品欣赏 这株一本双干式雀梅老桩在养护过程中右侧的枝干逐渐发生枯死，与左侧生机勃勃的枝干形成强烈的反差。我并未急于截除枯干，而是耐心地养护观察，待枯死范围稳定后，换一种角度来理解其艺术价值，挖掘出《生死相依》这一作品意境，也算是一份意外收获。

  创作心得 雀梅植株经常会发生整枝枯死的现象，这是由于植株桩干部位的形成层遭受破坏所致，为了避免因缩枝导致的灾难性后果，在日常养护时可以有意识地在必要的部位蓄养新枝，万一出现整枝枯死的现象，新枝便可起到弥补缺憾的作用。

作品欣赏 我养护这株一本双干式真柏盆景已经十余年了，可是其中一根主干逐渐枯死，虽采取多种抢救措施仍无力回天。痛心扼腕之余，我想到了松柏盆景制作中常用的"神枝"和"舍利干"技法，便着手对枯干进行了改作。作品中，真柏的铁骨神枝与枝繁叶茂的另一枝绞缠在一起，既表现了不以人的意志为转移的枯荣变迁，又表现出休戚与共的生命形式，遂为作品题名《枯荣亦道》。

创作心得 柏树具有四季常青、姿色雅致、气度苍劲、寿命绵长的特点，用其制作表现枯荣、岁月等题材的作品富有特殊的艺术表现力。对于柏树生长中出现的枯枝现象，一般不要急于剪除，可以任其存在，静观其变，一旦出现制作神枝或舍利干的灵感时，便可付诸实施。

枯荣亦道

植物：真柏
株高：64cm
盆器：紫砂盆

第五章　几架

几架在盆景小品的创作中具有重要价值，中国古代即有"一桩二盆三几"的说法，即只有当三者有机地结合在一起，才能表现出盆景小品最佳的欣赏效果。在本章中，我列举了以下3种几架。

　　1. 制式几架　传统的制式几架形式有方几、圆几、镂空几、高低连几、书卷几、扁几、琴几等，大多由红木、紫檀木、黄杨木等制成。

　　2. 随形底座　随形底座通常用树桩制成，随形而就。该类底座以天然随形的造型取胜，能够表现出大自然的鬼斧神工和天赐良胚，在盆景小品创作中若应用得当，则可起到"锦上添花"的艺术效果。随形底座既可从市场上购买，亦可自己动手制作。

　　3. 博古架　博古架又称百宝格或多宝格，原本是用于陈设古玩器物的，而盆景界用其来展示微型盆景的做法流传已久。博古架的外形多种多样，如长方形、正方形、圆形、房屋形、葫芦形、扇形、月牙形、花朵形、古币形、几何组合形等，而其内部均分隔为不同大小、上下错落、左右呼应的空格，以便陈设物品。借助博古架所具有的彰显群体效应的优势，用若干微型盆景乃至小摆件共同构图，可以令人欣赏到玲珑别致的艺术美感。

我使用过的部分制式几架

从市场上购买的部分随形底座

自己动手用瘿木制作的随形底座

我使用过的部分博古架

琴弹己心

植物：黑松
飘长：45cm
盆器：紫砂盆
几架：高几
摆件：仲尼式古琴

  作品欣赏 宋代欧阳修在《论琴帖》中写道："……日奔走于尘土中，声利扰扰，无复清思。琴虽佳，意则昏杂，何由有乐？……乃知在人不在器也。若有心自释，无弦可也。"抚琴之人无不渴求得到一张好琴，但更为重要的其实是抚琴者的心境。在本作品中，一株黑松盆景、一抹斜阳余辉、一张仲尼式古琴营造出一幅"琴弹己心"的清幽画面，其黑松盆景在高几的衬托下，显示出高古格调。

  创作心得 高几通常摆放在客厅、书房等处，由于尺寸较大，在盆景小品创作中难以全部入画，如果应用这类高几，作品的构图元素大多采用实用器，方能与高几的尺寸相匹配，且在拍摄作品时可以通过截图的方法取其上部。以本作品为例，远景为墙角处的一株黑松和高几上部，近景为一只琴桌和一张古琴，由于各构图元素的比例关系协调，较好地诠释出作品的主题和意境。

青涩年华

植物：珠兰
盆器：瓷盆
盆高：20cm
几架：圆形几

作品欣赏 我养护这株珠兰已经多年了，每年5月开花，花期较长，花形如金黄色的粟粒，清香宜人。拍摄本作品时正值5月下旬，饱满的绿叶、柔嫩的花蕾、迷人的幽香，恰如少女那矜持、优雅、美妙的青涩年华。

创作心得 制式几架有不同的形状，在选配时应注意与盆景相搭配，如方形盆器通常应配方形几架，长方形盆器应配长方形几架，圆形盆器则应配圆形几架……本作品中的盆器为圆形，故挑选了一只深红色的圆形几架相匹配，显得匀称而得体，并可提升盆景小品的观赏性。

弄清影

植物：雀梅
株高：18cm
盆器：瓷盆
几架：小高几

作品欣赏 宋·苏轼《水调歌头》一词中有"起舞弄清影，何似在人间"之名句，其中的"弄清影"意思是月光下的身影也跟着做出各种各样的舞姿来。我根据这首古词的意境创作了本幅《弄清影》盆景小品，作品中的雀梅盆景虽年功不足，但婀娜多姿的形态却展现出"弄清影"的神韵。

创作心得 本作品虽是在日光下拍摄完成的，倒是有着几分月光洒下清辉的画面效果。我用一只小高几将雀梅盆景凌空托举，对于表现九天之上翩翩起舞的寂寞与清寒起到了关键作用。

午后时光

植物：天竺
株高：18cm
盆器：紫砂盆
几架：山石底座
摆件：茶具、黄杨木雕（花生）

作品欣赏　在快节奏的当今社会里，谁都渴望多享受一些轻松惬意的时光，本作品用茶具、木雕花生和一盆天竺小盆景共同营造出一幅清幽、静谧的景象，题名《午后时光》。作品中的10粒"花生"是我多年前的黄杨木雕"处女作"，摆放在作品中几可乱真，也曾让我的一位朋友上了当，他用手奋力地捏呀捏，捏不开就用指甲抠，甚至还想用牙齿嗑，嘴里振振有词："这花生还挺难剥的！"我赶紧伸手阻拦，怕磕坏了他的牙，但内心洋洋得意。

创作心得　作品中的丛林式天竺小型盆景摆放在一块天然的片石上，显得既厚重沉稳又清新别致，由此可见盆景小品中所使用的随形底座来源十分广泛，有时一块别出心裁的随形底座反倒可以给人以轻松快意的视觉感受。

春树暮云

植物：榆树
飘长：46cm
盆器：紫砂盆
几架：残砖底座
摆件：陶瓷人物

作品欣赏　唐·杜甫《春日忆李白》诗云："白也诗无敌，飘然思不群。清新庾开府，俊逸鲍参军。渭北春天树，江东日暮云。何时一尊酒，重与细论文。"该诗抒发了杜甫对李白的赞誉和怀念之情，我根据该诗的意境，创作了《春树暮云》作品。作品中的一株榆树是我通过压条繁殖方法获得的，具有连根式的特点，又弯转曲折，适合于表现愁肠百转的牵挂之情；一尊陶瓷人物坐在树下苦苦远眺，似有一日不见如隔三秋的期盼与煎熬。

创作心得　作品中的方砖原本是规整的，残破后就变得不规整了，因此我将其纳入了随形底座的范畴。我用这块残砖作为底座，将盆景及陶瓷人物放于其上共同构图，产生了与木质随形底座、石质随形底座不同的画面质感，观者的视觉感受亦焕然一新。

方寸天地

植物：榔榆等6种植物
盆器：紫砂盆、陶釉盆
几架：博古架
　　　（高63.5cm、
　　　宽45cm）

　　作品欣赏　本作品在一只长方形博古架上摆放了11株微型盆景，包括榔榆、雀梅、真柏、罗汉松、榕树、樱桃树等6种植物，它们或俯或仰，仪态万方，给人以轻松自由的视觉享受。微型盆景宜于把玩，而单独陈设的观赏性不强，以博古架为载体采取组合形式展示，则可使人领略到方寸天地中造型迥异、风格独特的微型盆景艺术。我在博古架外摆放了一株用高盆栽种的黄杨微型盆景，这也是一种常见的博古架展示形式，可以突破博古架在形式上的束缚，增强作品的灵动性，如同发表诗歌时的"外一首"一般。

　　创作心得　用博古架摆放和陈设微型盆景，数量通常为奇数，以5~13盆为宜。是否添加小几座、小摆件等附加物，应视画面效果而定，本作品中的微型盆景已经占据了各个分隔的较大空间，便不宜再添加附加物，否则会有"画蛇添足"之虞。

幽香自远

植物：建兰
盆器：紫砂盆
盆高：10.5cm
几架：博古架
摆件：印章

作品欣赏　兰花宜于表现优雅、高洁的意境，在本作品中，我用一株正值花季的素心建兰与陈设了十余枚印章的六角形博古架共同构图，表现出《幽香自远》的作品主题。作品中，我不是用博古架来陈设盆景，而是用来陈设摆件，这一"反其道而用之"的做法并未影响作品的艺术感染力，可见在盆景小品的创作中亦需要有"独辟蹊径"的勇气和精神。

创作心得　当在博古架中陈列某一特定专题的物件时，应注意物件体积、形状、色彩等的差异化，避免产生呆板的感觉。本作品的博古架内仅摆放了印石这一种元素，而通过差异化的精心布置，使诸多印石如同一架钢琴上的琴键，又似琴谱上跳跃的音符，产生出匀质、律动的美学效果。

蒙 馆

植物：黄杨
盆器：紫砂盆
几架：博古架（高37cm、宽40cm）
摆件：黄杨木摆件

作品欣赏　在本作品中，我用5株小黄杨盆景及一些黄杨木雕摆件，创作出一幅题名《蒙馆》的作品。蒙馆是我国古代私塾的一种初级形式，据记载我国古代的私塾按照施教程度分为蒙馆和经馆两类，蒙馆的学生由儿童组成，重在识字；经馆的学生以成年人为主，大多忙于举业。作品中的五株小黄杨盆景造型各异，或俯或仰，稚趣盎然，好似几个顽皮的学童；博古架高低错落的隔断，就如同一扇扇书窗；我雕刻的数枚古式印章，喻示蒙馆所授皆为传统的国学内容。作品中的小黄杨盆景堪称"拇指盆景"，即小巧到可以直接放置于指尖上把玩的小型盆景。

创作心得　在博古架上陈设微型盆景，有时风格趋于统一，有时风格趋于变化，这既取决于创作者手头所拥有的盆景素材，更取决于作品的主题和意境。本作品表现的是古代蒙馆，而蒙馆大多统一装束，故在盆器的尺寸、材质、色泽上都力求统一，几枚黄杨印章虽形态各异亦为同一材质和色泽。

第六章 摆件

在本章中，我列举了11种盆景小品的摆件。

1. 赏石　赏石即观赏石，属于纯自然石品。自古以来，人们便喜爱以天然石为赏玩对象，并赋予其文化内涵。赏石自然也是盆景小品重要的构图元素之一。

2. 木雕　木雕是以木材为原材料，经过加工而制成的艺术品。木雕的原材料往往具有纹理细密的特点，如黄杨木、紫檀木、乌木、红木、鸡翅木、沉香木、楠木、檀香木、黄花梨等。黄杨树的生长十分缓慢，其木纹紧密、坚韧且含有蜡质，有"木中象牙"之美誉，是一种理想的雕刻材料，本节中我的几件木雕习作也均为黄杨木材质。

3. 沉木　沉木是一类质地比较坚硬的树木枯死后，长期浸泡于沼泽土壤中逐渐炭化而成，密度比一般的木材高出许多，可以沉入水中，故名。原生态的具有完整和独立艺术价值的沉木摆件可谓是凤毛麟角，大多数沉木都缺乏完整的艺术性，但可以通过粘贴等方法将两块乃至多块沉木组合在一起，创作出可圈可点的沉木摆件来，这就需要创作者独具慧眼，并有丰富的想象力和动手能力。

4. 花器　花器是指供花卉材料插置并能够容纳水分的器具。花器的质地、样式、造型多有不同，古人对花器的选择讲究颇多，有"插花清供，择器为先"的论述。

5. 香具　香具是使用香品时所必须的一些器皿，如香炉、香斗、香简、卧炉、薰球、香插、香盘等。我国香炉始见于战国时期的铜炉，以后历代材质有陶器、瓷器、铜器、鎏金银器、竹木器及玉石等，并且样式繁多，形成了独特的艺术领域。在盆景小品中将香具作为摆件，挖掘其文化底蕴，亦具有广阔的创作空间。

6. 文玩　文玩是指文房四宝及其衍生出来的各种文房器玩，自古以来笔、墨、纸、砚是最基本的文房用具，明清以来逐渐延伸至笔架、笔洗、墨床、砚滴、水呈、臂搁、镇纸、印盒、印章等。文玩往往雕琢精细，可用可赏，既是书斋、案头的实用器或陈设品，也是盆景小品创作中值得重视的摆件选项。

7. 工艺品　工艺品是指通过手工或机器等，将原料或半成品加工成的具有艺术价值的产品。人们大多拥有一些自己喜爱的工艺品，并寄寓着个人的情感，用身边的这些工艺品来创作盆景小品，不仅唾手可得，而且倍感亲切。

8. 日用器 日用器是指人们日常使用的器具，包括工具和用具等，它们是人类社会生产和生活中不可缺少的物质条件。在盆景小品创作中以传统的、用旧了的日用器作为摆件，能够勾起人们对往事的回忆与怀念，丰满画面的故事性，增加欣赏的亲切感。

9. 动物 将动物作为盆景小品的构图元素，能够反映大自然的天趣，增添画面的趣味性，因此创作这类题材的作品不仅可行，而且往往会收到意想不到的艺术效果。

10. 市售摆件 市售摆件在盆景小品中应用最为广泛，具有小巧玲珑、形象逼真、价格适中等优点。但是，由于市面上盆景摆件的种类不够丰富，同一种摆件往往被许多作者所应用，容易产生雷同感而降低盆景小品独特的审美价值，是为缺憾。

11. 自制摆件 对于盆景小品的创作而言，自己动手制作小摆件有几个好处：一是自己亲手制作的摆件尽管工艺水平没有市售的精致，但其唯一性本身就是亮点，观者不会产生"似曾相识"的雷同感；二是取材可因地制宜，尺寸可"量身定做"，符合特定盆景小品的比例关系；三是可根据画面的色系需要灵活选择摆件的色彩；四是在摆件的制作过程中愉悦身心。

我使用过的部分香具

我使用过的部分文玩

我使用过的部分工艺品

我使用过的部分沉木摆件

我使用过的部分赏石

我亲手制作的部分木雕习作

我使用过的部分市售摆件

我亲手制作的部分摆件

我使用过的部分花器

我使用过的部分日用器具

昭君出塞

植物：雀梅
飘长：18cm
盆器：紫砂盆
摆件：赏石（昭君出塞）

作品欣赏 我曾经在黄河边捡到一块石头，用河水洗净擦干后仔细端详，脑海中迅速跳出"昭君出塞"一词来。瞧！一位梳着发髻、身着裙裾的妇人正向西域（地图上左侧为西）艰难跋涉，土黄色的石质烘托出一股大漠长风的苍凉之气。我在石块的右侧（地图上右侧为东）摆放了一株姿态奇异的雀梅盆景，其苍翠欲滴的色泽象征着我国古代东土之富饶，而那愁肠百转般的"之"字形桩干，则表现出故土人民对这位奇女子的牵挂与思念。

创作心得 赏石是在自然界中形成的具有观赏价值的天然艺术品，往往具备质坚、色艳、形奇、纹美、韵浓的要素，自古以来被誉为"无声的诗，立体的画"，并有"不朽之景，不败之花"之美誉，令人百看不厌、回味无穷。赏石不仅具有唯一性，并且可使人产生联想与激情，因此在盆景小品的主题与意境中，赏石往往胜过盆景植物而占据主导地位，了解这一特点方能在创作时得心应手。

作品欣赏　本作品中的赏石图案清新别致：左侧好似一轮明月悬挂在青黑色的夜幕中，右侧像是几枝斑驳的疏竹。我在画面右侧摆放了一丛凤尾竹，枝干清朗、翠绿欲滴、竹影婆娑，与石面上的图案有异曲同工之妙，故题名《疏竹扶月》。

创作心得　美学中有"虚实相生"的概念，在盆景小品创作中也应遵循这一法则。在盆景小品中，有物体处为实，无物体处为虚；密处为实，疏处为虚，疏密对比实质上亦为虚实对比。本作品中的赏石为实，那么只有在凤尾竹上做"虚"的文章了。我在凤尾竹的生长阶段反复进行疏枝、疏叶处理，令枝叶间保留适当的空隙，从而使本作品虚实有度、空灵流畅，仿佛能够透过寥寥数支竹秆，仰头观看天上的一轮明月，低首欣赏婆娑的竹影。

疏竹扶月

植物：凤尾竹
株高：25cm
盆器：紫砂盆
摆件：赏石

话丰年

植物：菊花脑

飘长：40cm

盆器：陶盆

摆件：茶具；黄杨木雕（大
豆、荸荠、茨菰、菱
角、玉米）

作品欣赏　画面中的5组黄杨木雕均为我的习作，每一枚都饱满壮实，表明又是一个丰收年。一丛菊花脑用高盆栽种，然后将繁茂的花枝向下压，增添了金黄色、沉甸甸的丰收景象。一只方几上摆放的茶具，象征着两位农人边喝茶边唠嗑，话题当然绕不开眼下的好收成，遂为作品题名《话丰年》。

创作心得　本作品中的一株菊花脑原本生长在我的小庭院里，为了拍摄本作品，我在它快要开花时将其移栽入盆内养护，并根据画面需要进行蟠扎。经过3周左右的时间，植株恢复了元气，叶片和花蕾的向光性也逐渐调整到位，我抓住时机拍摄了图片。这一实例提示：并非刚上盆的植物都能马上进入拍摄阶段，而是需要等待其叶片、花蕾的向光性得到调整后，方能拍摄出符合植物自然生长特性的作品来，因此需要根据植物调整向光性所需的大致时间提前做好上盆工作。

斗 辣

植物：爬山虎

飘长：65cm

盆器：紫砂盆

摆件：茶具、黄杨木雕（辣椒）

作品欣赏 俗话说："湖南人不怕辣，贵州人辣不怕，四川人怕不辣，湖北人不辣怕。"但是从上述字面仍难以分辨出谁堪称雄。于是，我别出心裁地设置了一场"斗辣会"，邀请这四方人士参与（画面中的四只茶盅即代表四方人士），大家一边品茗，一边大快朵颐地享用现场摆放的4种辣椒，从而决出胜负。画面上的四组"辣椒"均为我的黄杨木雕习作；一株附石爬山虎枝繁叶茂，从高处垂悬而下，象征着参赛者家乡的山地特征。

创作心得 本作品其实是为四组"辣椒"而"量身定制"的，这些木雕是我既往的习作，将它们聚合在一起表现某一个特定的主题，于是想到了时常有人侃谈的关于"不怕辣"的笑话来，并以盆景小品的形式加以表现。本作品的构思过程表明：盆景小品的创作题材其实非常宽泛，只要遵循盆景小品创作的一般规则和原理，创作者尽可开动脑筋甚至别出心裁，努力创作出令人耳目一新、喜闻乐见的作品来。

宜子孙

植物：铜钱草
盆器：陶盆
盆高：13.5cm
摆件：黄杨木雕（藕、莲蓬）

作品欣赏　中秋时节莲藕成熟，民间有用"子孙藕""和合莲"作为中秋清供的习俗，寓意家庭人丁兴旺、子孙平安。"子孙藕"的藕节相连，每一节都有分叉，分叉的藕又自成数节，可谓子孙繁茂。"和合莲"的籽粒饱满，品相端庄，由于一个莲蓬中有许许多多的莲子，且"莲"与"连"谐音，故民间亦常用"莲生贵子"来寓意多子多福。本作品中的"子孙藕"及"莲蓬"皆为我的黄杨木雕习作，而一株铜钱草则代表荷叶，象征莲、藕生长阶段的植物状态。我将它们组合成一幅画面，表现出"宜子孙"的吉祥寓意。

创作心得　为盆景小品题名是创作的一个重要环节，关系到作品的美学价值。好的盆景小品题名通常具有以下特点：一是景名相符、紧扣题材；二是文字简略、顺口好记；三是含蓄委婉、回味无穷。我在为本作品题名时也是颇费思量，如何将作品中的"子孙藕""和合莲"和铜钱草等构图元素用一个既高度概括又富有诗意的题名来表达呢？最终，决定以《宜子孙》作为题名，用精炼的三个字将画面中的多种吉祥元素归纳、提升到了一个较高的审美境界。

作品欣赏 作品的左侧是我用沉木制成的一只"鹅"摆件，那昂扬挺拔的"脖颈"、丰满的"羽毛"、尤其是那回眸顾盼的神态，颇有"曲项向天歌"的神韵。作品右侧一盆翠绿的铜钱草，象征着一方鹅池。画面中的"鹅"具有扑向池塘的动势，观者仿佛能够感受到它下水时欢快的鸣叫。

创作心得 本作品中的一只"鹅"由两块沉木组成，"头颈"为一块，"羽毛"为另一块，是我在市场上的一堆沉木中挑挑拣拣并在现场比划，找到创作灵感后方才买下的。组合创作时，先用细砂纸将沉木表面的腐朽部分打磨掉，并反复斟酌沉木摆件的最佳观赏面、粘贴部位和角度等，然后将两块沉木的粘贴点处理平整，用"万能胶"之类的黏合剂使其组合为一体即可。

曲项向天歌

植物：铜钱草
盆器：瓷盆
盆径：19cm
摆件：沉木摆件（鹅）

残荷

植物：荷花
盆器：玻璃缸
盆高：18cm
摆件：莲蓬、沉木摆件（残荷）

作品欣赏　本作品中，最吸引人的构图部分当属沉木摆件，它的形态和色泽酷似一片天然的残荷，却丝毫未经人工雕琢，令人不得不叹服大自然的鬼斧神工。这块天然沉木原本无法竖立观赏，我用一截树桩作为底座，从而制成一幅重心平稳的沉木摆件。本作品拍摄于秋季，玻璃缸内养植的一株荷花正在逐步枯萎，与沉木摆件的意境形成呼应；而摆放在沉木摆件下的一只干枯了的莲蓬，则增强了深秋凋零的画面效果。本作品中的构图元素有真有假，真假难辨，令观赏者兴趣盎然。

创作心得　中国古代的诗歌、绘画等传统文化喜欢表现凄美的意境，通过对凋零景象或残破物件的描绘，寄托作者的思绪，带给人们幽深、苍凉、延绵久远的心理感受。盆景小品的创作离不开中国传统文化的熏陶，因此也会在有意无意间将这种凄美的意境作为表现的题材，本作品即是对深秋凄美景象的表现。在创作这一类偏重内心世界刻画的题材时，应注重写意而不是写实，只有如此其作品才会具有打动人心的艺术感染力。

作品欣赏　本作品中，我用一株文竹、一只枯荷插瓶、一些文房用品营造出一份冬季书斋案头的韵致。文竹的叶形纤细秀丽，叶色碧绿，枝叶疏密有致，层叠似云霞，枝干劲节挺拔，历来是文人的"清友"。枯荷是历代文人吟诵的题材，我国历史上种荷、赏荷、画荷之风盛行，即便是在花残叶黄的秋季，枯荷惹出的"悲秋"情结亦足以令人唏嘘不已，唐代诗人李商隐便有"留得枯荷听雨声"的千古佳句。

创作心得　为了创作本作品，我于初秋时分特意寻找到一处藕塘，挑选了数片荷叶及数枚稚嫩的小莲蓬。采摘回来后，选择一个遮阳通风处使它们风干，风干时用夹子夹住茎部，而使荷叶、莲蓬均头朝下，这样方能保持叶、茎的优美姿态，待荷叶、莲蓬完全风干后方可插入瓶内进行作品的拍摄。切忌在未完全风干固化前就插入瓶内，防止因插材柔软而耷拉下来，失去观赏价值。上述方法也是制作各种干花时通常采取的处理方法。

案头冬韵

植物：文竹
株高：13cm
盆器：紫砂盆
摆件：大理石插瓶、红木文具

红巾蹙

植物：石榴
株高：22cm
盆器：紫砂盆
摆件：胆式瓶、石榴花

作品欣赏　宋·苏轼在《贺新郎·夏景》一诗中有"石榴半吐红巾蹙"的名句，形象而又生动地将初放的石榴花比喻成带有褶皱的红巾。我以"红巾蹙"为题名，创作了本作品。作品左侧的一株石榴尚未到开花的年份，其观赏性较差，我便用瓶器插入了一枝石榴花，不仅在一定程度上弥补了盆景植株的缺陷，而且还产生了一种艺术的美感。

创作心得　在盆景小品的花器中使用插材，其插材应与画面主体的盆景植物有某种内在的联系，要么属于同一种植物，通过插材来彰显主体植物的自然属性；要么符合作品的主题，通过插材来营造和渲染作品的主题。我选用一只胆式瓶来插花，可延长花期，正如古人所云："折得花枝，急须插入小口瓶中，紧紧塞之，勿泄真气，则数日可玩。"

作品欣赏 "澄怀观道"是一种很高的禅学审美境界，"澄怀"是指挖掘心灵中美的源泉，实现最自由、最充沛的自我；"观道"是指用审美的眼光来观察世间万物。澄怀方能观道，观道适以澄怀，澄怀观道是一种人生态度。本作品中，一尊明代宣德炉造型的紫铜小香炉中轻烟袅袅，禅意浓厚；一株偃卧式雀梅的树干下段平卧于盆面，上段曲折抬起并形成树冠，桩头古朴沧桑却又姿态潇洒，如同一位阅尽人间千载的睿智老者。整幅作品表现出澄怀观道的高古意境。

创作心得 我国古代的人们喜欢在诸多场合中焚香，如我国古代居室的四艺（焚香、烹茶、插花、挂画）中，焚香位列首位；在各种宗教活动中，焚香也是重要的仪式之一。因此，香具作为摆件参与一些特定题材的盆景小品创作，对刻画作品的主题能够起到画龙点睛的作用，并能起到净化画面意境的效果。

澄怀观道

植物：雀梅
株高：13cm
盆器：紫砂盆
摆件：紫铜香炉

作品欣赏 南宋李清照写有"窗前谁种芭蕉树？阴满中庭。阴满中庭，叶叶心心，舒卷有馀情"的优美词句。芭蕉因其叶态美，自古便是文人精神寄托的对象，"蕉下听琴"更是我国许多传统文学艺术的共同主题。在本作品中，几片翠绿的芭蕉叶浓荫蔽日，芭蕉树下摆放着一张古琴式香具，琴上无弦，画面中无人，但仿佛传来悠悠的太古之音，此乃我所刻意营造的"但识琴中趣，何劳弦上声"之意韵。

创作心得 《格物粗谈》一书中有关于芭蕉盆景制作方法的记载："芭蕉初发分种，以油簪横穿其根二眼，则不长大，可作盆景。"用芭蕉制作盆景，关键在于控高，老态而低矮的芭蕉方能显示其作为盆景的魅力。本作品中的芭蕉是我从自家小庭院芭蕉丛中挖出来的幼株，并连带挖出一些苍老的块茎一同栽种在盆盎中，我并未采用前人介绍的油簪穿根法，而是采取控水、控肥措施，减缓芭蕉的生长速度。当植物生长过高时，及时从基部截短，令其重发新枝，达到了调节植物高度、满足画面构图需要的目的。

蕉下听琴

植物：芭蕉
株高：36cm
盆器：紫砂盆
摆件：古琴式香具

日暮乡关

植物：榔榆
株高：18cm
盆器：紫砂盆
摆件：倒流香盘

    作品欣赏 本作品中的摆件是一只山水造型的倒流香盘，点燃一枚倒流香，其烟雾便向下倒流，在香盘中产生云雾飘渺的神奇效果。看着倒流香盘中的梦幻景色，我联想起唐代宋之问《渡汉江》一诗来："岭外音书断，经冬复历春。近乡情更怯，不敢问来人。"并决定以《日暮乡关》为题名创作本作品。画面中，倒流香盘中的山峦起伏、云雾缭绕；一株榔榆桩材遒劲老到，显示出故乡沧桑、久远的历史风貌。在拍摄时，我借助反光板使画面产生了夕照的光线效果，增添了"日暮乡关"的莫名惆怅。

    创作心得 倒流香又称塔香，中空圆锥形，内部有一小孔以利于烟雾往下流，由于倒流香产生的烟雾微粒比空气重，故烟往下沉，如同水由高处流向低处一样，故而得名。利用倒流香烟雾往下流淌的特点，可以进行某些特定意境盆景小品的创作。

双清坐隐

植物：榕树
盆器：紫砂盆
盆高：10cm
摆件：围棋

作品欣赏　围棋在我国魏晋南北朝时期即已盛行，尤其受到文人、士大夫阶层的喜爱，在纹枰之中寻求隐逸，故亦称"坐隐"。在本作品中，一盆双株合栽的小叶榕树姿态率真洒脱，如同两位正在对弈的隐逸名士。棋盘上的布局则是被公认为世界难解围棋定式之一的"大斜定式"。

创作心得　盆景小品的创作常常需要有奇思妙想，从而将一些貌似不相干的构图元素组合在一起，创作出令人耳目一新的作品来。而这种奇思妙想则要以宽广的视野、渊博的知识作为基础，将其融会贯通，找到一个意境或内涵方面的交汇点来加以构思，并融入创作者本人的思想情感。这就如同一位交响乐指挥家，只有对各种乐器的性能都了如指掌，并且对作品有着深刻的理解，才能驾驭整个乐队，演奏出美妙的乐章来。本作品便是我努力尝试的结果。

第六章　摆件·文玩

作品欣赏　印宗秦汉、追摹古人是学习篆刻过程中重要的学习方法，我是一位篆刻爱好者，手头有不少篆刻用品，于是便以《印宗秦汉》为题创作了本作品。作品中，一株沧桑古朴、老干新枝、硕果低垂的石榴树仿佛诠释了印学悠久的历史，而在盆景旁边摆放的一些篆刻用品，则表现了我篆刻印章的真实场景。

创作心得　作品中的这株石榴桩材原本是一棵地栽的粗壮、高大的石榴树，后被人遗弃，我得到后因为没有场地栽种，故截除其主干的上部，又将剩下的圆形桩干一劈为二，用薄膜包裹后地栽养护，两年后萌发的新枝已很茂盛，我将其上盆培育造型，最终形成了一株斧劈式的石榴盆景。由此可见，对于生命力顽强的植物种类，在掌握造型基本规律的基础上，是可以"大刀阔斧"地进行技术处理的。

印宗秦汉

植物：石榴
株高：35cm
盆器：紫砂盆
摆件：篆刻用品

蕊寒诗清

植物：大花君子兰
株高：46cm
盆器：紫砂盆
摆件：笔、墨、纸、砚

作品欣赏 天寒水瘦、万木萧疏的冬季，褪去了从春至秋的浮华，孕育着翌年待发的精气。在这样一个枯寂季节里写出的诗，自然也是清简素雅的。画面中，一株大花君子兰正在炽烈地绽放，它那挺拔的花箭象征着古代诗人的孤傲风骨，璀璨的花朵则喻示诗人的才情；作品中的笔、砚及几张写满诗草的素笺，则为作品增添了浓厚的书香气息，故作品题名《蕊寒诗清》。

创作心得 大花君子兰的叶子四季青翠，挺拔舒展，排列有序，端庄凝重；花茎直立向上，一剑多花，伞状花序，美观大方。大花君子兰在岁寒时节盛开，给灰色调的冬天抹上了一笔靓丽的色彩，也给寒冬里的人们带来了愉悦的视觉享受和精神安慰，因此，花季的大花君子兰是盆景小品创作的重要素材之一。市售的大花君子兰大都追求叶片"正看一把扇，侧看一条线"，我则认为自然生长的叶片更具天然、灵动、飘逸之美，养护时只需定期转动花盆方向以调节叶片的生长方向，拍摄照片时不至于太过凌乱即可。

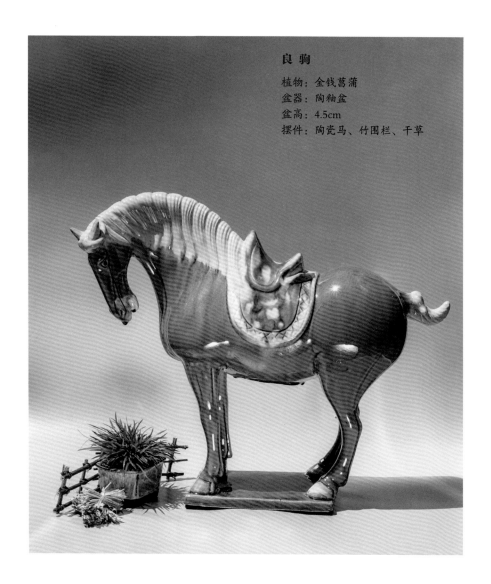

良 驹

植物：金钱菖蒲
盆器：陶釉盆
盆高：4.5cm
摆件：陶瓷马、竹围栏、干草

作品欣赏 本作品中，一匹陶瓷马神采奕奕、体型健壮、毛色光亮，一眼便能看出它是一匹千载难逢的良驹。我用手工编扎了一只竹围栏和三捆干草，并在马的食槽位置摆放了一株金钱菖蒲，象征喂马用的青饲料，上述构图元素营造出《良驹》这幅作品的深刻意蕴。

创作心得 摄影构图的一个重要原则是比例协调，而在本作品中，与马的尺寸相比，其余的构图元素显得十分渺小，各构图元素之间的比例严重失调，这并非本作品的"败笔"，而是我刻意为之。为了彰显画面中这匹良驹的伟岸身材和志在千里的优良品格，我用夸张手法，刻意缩小了其余所有物件的尺寸，包括刻意选用微型菖蒲盆景作为构图元素，使作品产生了令人过目不忘的艺术魅力。

芳 华

植物：水仙
株高：23cm
盆器：瓷盏
摆件：工艺品（淑女）

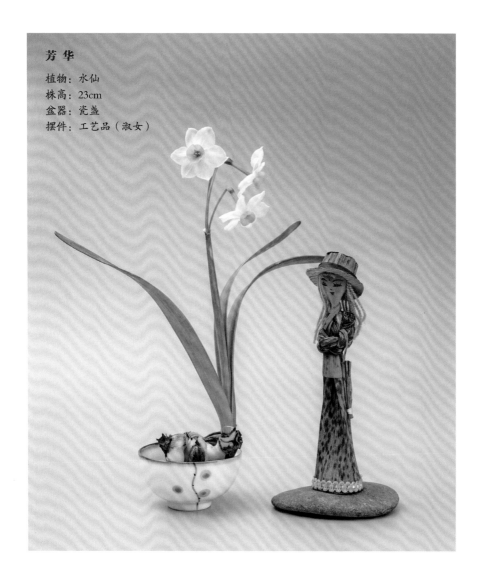

作品欣赏　在本作品中，清雅的水仙花、素净的瓷盏以及窈窕淑女的工艺摆件，共同构成了一幅充满清纯气息的《芳华》作品。通常，人们都是将水仙花成簇地养植，以欣赏它开花时那种雍容华贵、炽烈奔放、花香浓郁的气息，而在本作品中我仅取水仙花球之一瓣，以呈现出亭亭玉立的美感，起到了与淑女摆件相得益彰的艺术效果，充分表现出青春少女所特有的气质。

创作心得　我在水养这株水仙花鳞茎球之前，先剥去干枯的外皮，然后用刀片在鳞茎上纵向划开几条缝隙，以利于鳞片松开、易于花芽抽出。当水仙花即将绽放时，我从松散的鳞茎球上掰下一瓣，放入瓷盏中用清水养护。由于该瓣鳞茎上有独自的根须，故存活不成问题，并且不会影响开花。我既往在冬季养植水仙时也喜欢这种做法，使室内不仅有热烈奔放的成簇水仙花，也有清雅、娴静的单株水仙花，彼此相映成趣。

　　作品欣赏　"猫冬"是我国北方的土语，原意是指在寒冬里，小猫经不住户外天寒地冻，再也不往外跑，整天就老老实实地趴在屋内温暖的炕头上取暖。后来，"猫冬"也延伸为人们窝在家里过冬，很少外出。本作品用一株茶梅和一只铜手焐营造出隆冬季节的氛围。茶梅不畏风寒，于冬、春季节开花，南宋诗人陆游对茶梅便有"雪里开花到春晚，世间耐久孰如君？"的赞美诗句。铜手焐旁蹲坐着一只猫，一副心满意足的神情，原来它正在享受"猫冬"的舒坦哩。

　　创作心得　人们在使用日用器物的过程中，会渐渐注入自己怜爱的情感成分，对于过往的日用器物，则会产生怀旧感。利用人们与日用器物之间的感情纽带，将其加入到盆景小品的创作中来，则容易引起观者的心理共鸣，收到良好的观赏效果，本作品中的一只铜手焐便起到了这样一种作用。

猫　冬

植物：茶梅
株高：57cm
盆器：紫砂盆
摆件：陶瓷猫、铜手焐

半日闲

植物：大花君子兰
株高：42cm
盆器：瓷盆
摆件：烟具、书

作品欣赏 本作品通过一株花、一袋烟、一本书，描绘了在冬季午后阳光下享受一份清闲的情景，有"浮生偷得半日闲"之快意，故题名《半日闲》。大花君子兰是温室植物，绽放于隆冬季节，故画面中的大花君子兰表明了季节特征；烟具和书则是最适宜表现时间静悄悄流淌的物件。

创作心得 日用器的种类繁多，能够作为盆景小品摆件的只能是一些小巧的、与人们精神生活密切相关的物品，如本作品中的烟具、口袋书等，都具有体积小而普及性广泛的特点，容易引起观者的心理共鸣。

作品欣赏 初夏的一天早晨，我从小庭院中采回一朵刚开放的白兰花，边喝茶边品尝本地产的新鲜杨梅。看着从窗外投射进来的阳光渐渐转移着方向，投照在屋内地板上的距离也越来越短，我突然感觉到时光的流逝是多么无情！脑海中迅速浮现出一幅《一米阳光》的作品构思来，便赶紧起身，张罗手头的东西，抓住在屋内仅剩下的些许阳光，完成了拍摄工作。作品的构图着重突出了对比：左半侧灰暗，右半侧明亮；左半侧呈纵向线条，右半侧呈横向块面。在整个作品的构图中，吊兰飘逸、灵动的姿态使画面充满了生机。

创作心得 盆景小品的创作灵感有时来自于创作者对于眼前物象一瞬间的内心感受，且这些眼前物象稍纵即逝，在这种情况下，需要创作者具有高度的敏感性和反应速度，抓住机遇完成作品，不要留下遗憾。

一米阳光

植物：吊兰
飘长：45cm
盆器：紫砂盆
摆件：茶具、杨梅、白兰花

作品欣赏　　"江南可采莲，莲叶何田田。鱼戏莲叶间。鱼戏莲叶东，鱼戏莲叶西，鱼戏莲叶南，鱼戏莲叶北。"这首《汉乐府·江南》古诗生动地描绘出鱼儿在莲叶间嬉戏的景象。我根据该古诗的意境创作了本作品，并摘用诗句"鱼戏莲叶间"作为题名。作品拍摄于早晨，一缕阳光从窗户照射进来，将几片荷叶勾勒得楚楚动人。我在拍摄中通过对光线的把握而表现出荷叶剪影般的美感，并抓住了几条小鱼在荷茎间嬉戏的精彩瞬间。

创作心得　　当代著名散文家杨朔在《荔枝蜜》一文中写道："花鸟鱼虫，凡是上得画的，那原物往往也叫人喜爱。"花鸟鱼虫在盆景小品的创作中大有作为，以本作品为例，如果没有几条彩色小鱼作为陪衬，仅仅拍摄荷花本身，其画面的生动性则会大打折扣。

鱼戏莲叶间

植物：荷花
盆器：玻璃缸
盆高：19cm
动物：热带鱼

伺 敌

植物：虎耳草
盆器：紫砂盆
盆高：10cm
动物：幼猫

作品欣赏 有一年春天，一只流浪猫在我家小庭院里产下了一窝（4只）小猫，我及家人只好承担起了照料任务。30多天过后，4只小猫均长得调皮可爱，可是也到了要送人的时候了，我们都依依不舍，便用盆景小品的形式为它们各自拍摄了图片留作纪念。本作品中的幼猫在4只小猫中排行老二，我们都称呼它"二仔"。瞧它那副机敏的神情，仿佛正准备捕捉猎物，故我为作品题名《伺敌》。画面中的一株虎耳草茎蔓飘垂，幼猫藏身其中，不仅增添了神秘感，也丰富了画面的层次。

创作心得 盆景小品的构图元素通常都是静态的，可以从容不迫地进行摆拍，而动物不听使唤，往往只能采用连拍模式进行抓拍，再从中挑选令人满意的画面。拍摄动物通常应将它们的眼睛作为聚焦中心，因为眼睛是最传神、最具吸引力的部位，但同时也应兼顾到动物肢体语言的表达，我在拍摄这幅作品时颇费周折，但总算得到了比较满意的图片。

秋虫呢喃

植物：黄杨
株高：30cm
盆器：陶釉盆
摆件：蟋蟀罐及配器

作品欣赏　蟋蟀是一种秋虫，也是人们喜爱的宠物之一。《诗经》云："七月在野，八月在宇，九月在户，十月蟋蟀入我床下。"每当立秋至白露节气，是鸣虫们叫得最欢的时候，我总喜欢从自家小庭院里捉来一对蟋蟀饲养，不是为了看蟋蟀之间的争斗，而是为了享受虫鸣的美妙。雄性蟋蟀是二尾的，鸣声铿锵有力，如同打击乐一般；雌性蟋蟀是三尾的，鸣声委婉缠绵，如同丝弦乐一般。一对蟋蟀时常在月光下共鸣，那简直就是一部天籁般的神奇交响曲了。本作品中的蟋蟀罐及其配器都是我使用过的，表现出饲养蟋蟀的趣味性，作品中并未出现蟋蟀，但观者仿佛能聆听到从蟋蟀罐中发出的阵阵虫鸣声。

创作心得　作品中的一株黄杨长势不良，如果孤立地审视，是不具有盆景的审美价值的，我之所以用它参与构图创作，是想表现蟋蟀的野外自然生活环境。儿时在野外抓过蟋蟀的顽皮男孩子们都懂得，越是偏僻、杂乱的郊野，越是蟋蟀们喜欢栖息之处。生长在那些地方的植物，没有养尊处优的环境条件，作品中这株长势不良的黄杨，便反映出那种环境下植物生长的常态。

春风唤渡

植物：鸡爪槭
株高：18cm
盆器：紫砂盆
摆件：枯木、陶瓷茅屋和舟楫

作品欣赏　渡口往往能够触动到人们内心的最柔软处，故历来是诗词、书画的重要表现题材。我用一块枯木、一座小屋、一只渡船营造出荒野渡口的苍茫气息，而用一盆小型丛林式鸡爪槭作为画面的主体，其新萌发出来的嫩绿枝叶喻示春风正在吹拂大地。本作品中有多个构图元素，我在色彩搭配时以土黄色为基调，不仅表现出回春前原野的荒芜本色，更烘托出鸡爪槭一抹绿色春意之可贵。

创作心得　本作品留有较多空白，形成"水天一色"的视觉效果。"留白"是盆景小品创作中的重要技法，恰当的留白能够使画面倍显空灵。古人在绘画构图中即已认识到留白的重要性，有"画留三分空，生气随之发"的精辟论述。

钓秋水

植物：雀梅
盆器：紫砂盆
盆高：5cm
摆件：枯木、陶瓷人物

作品欣赏　本作品中，一块枯木象征险陡峭的江岸，一位钓翁悠然地坐在悬崖边，手执一根钓竿，垂下长长的钓丝，心无旁骛地专心垂钓。钓翁身后的临水式雀梅为他撑起了一片绿荫，该株微型盆景不仅桩材古朴，野趣横生，并且与水平方向的枯木形成呼应，增强了作品的险势。

创作心得　我在这幅作品中不设水面，亦无鱼篓，使画面显得简洁、空灵，以凸显秋季江天寥廓的意境。盆景小品中配件的摆放应服从渲染主题的需要，可放可不放者尽量不放，可少放者尽量少放，与主题无关者则坚决不放。

东篱野菊

植物：菊花脑
盆器：紫砂盆
盆高：10cm
摆件：陶瓷人物、竹篱笆、山柴

作品欣赏　晋代诗人陶渊明闲适地吟诵了一句"采菊东篱下，悠然见南山"，未曾料成为古往今来无数文人士大夫趋之若鹜的精神乐土。我以一株菊花脑作为盆栽，布置了一幅场景：作品中的一位老者头戴斗笠、肩荷山柴，他的身后是用稀疏竹篱笆围成的小院，而就在这家徒四壁的清苦境况中，一丛野菊花探篱而入，垂垂辉映着老者，彰显出这位老者隐逸的精神世界。

创作心得　传统盆景以树木材质为主，而现代社会的人们向往大自然，关爱大自然中的一草一木，而并非只关注树木，因此盆景小品的创作也应当突破传统的束缚，大胆地将草本类植物引入创作范畴。尽管草本植物造型的艺术性较弱，且生命周期短暂，但其"离离原上草，一岁一枯荣"的生命特征，更容易唤起人们对生命本质的思考和对生命自身的珍惜。在本作品中，我用一株不起眼的小野菊入画，却对人物精神世界的刻画起到了重要作用。

一寸相思

植物：红枫
株高：25cm
盆器：瓷盆
摆件：自制帆船、鹅毛笔、
　　　墨水瓶、英文信笺

作品欣赏　人类的相思之情，耗竭了世间最美好的文字；人类的相思之苦，流尽了彼此心中的泪水。人类的相思之情无论在东方还是西方国度，都是亘古不变的。在本作品中，我设计了一幅旧时西方国家的场景：一艘停泊在码头上的海船即将扬帆远航；一封用鹅毛笔匆匆写就的英文情书，需要赶紧交由海船传递；一株红枫，则表达了书信中的相思之情。重洋阻隔的恋人那种翘首以盼的煎熬、接到书信的狂喜与忐忑、怀揣书信的那种温馨和幸福感，都是当今社会的情侣们所难以想象的。本作品用远隔重洋之遥远距离，来表现一对恋人心与心的相拥，故题名《一寸相思》。

创作心得　我根据本作品的主题意境，动手制作了一艘古代帆船、一支那个年代的书写工具——鹅毛笔，这些物件如果想从市场上购买，首先是不一定买得到，其次是即使买到了，也未必适应画面的需求，自制摆件在盆景小品创作中的重要性由此可见一斑。

思想者

植物：雀梅
株高：17cm
盆器：紫砂盆
摆件：黄杨木雕（思想者）

作品欣赏　我用黄杨木雕刻的这只猴子屁股底下坐着一叠垒起的大部头书，还将一本书紧紧地搂在怀里，神情专注，一副欲读遍天下圣贤书的架势，便题名《思想者》。作品右侧的一株雀梅体积虽小，但树龄长、树形古朴沧桑，既象征猴子赖以生存的森林环境，又喻示这只灵猴有着深厚的学养。我利用雀梅盆景的斜势，与木雕作品形成气韵上的贯通，使画面显得温馨和谐。

创作心得　这株雀梅属于盆景界所谓的"小老树"桩材，小老树桩材深受盆景爱好者们的喜爱与追捧，但是这种桩材大多是从山野采挖而来，会对生态环境造成不可避免的破坏，故应当提倡走人工培植之路，反对在野外的乱采乱挖行为。

风轻云淡

植物：棕竹

株高：50cm

盆器：紫砂盆

摆件：黄杨木雕（绵羊）

作品欣赏 棕竹为棕榈科棕竹属常绿观叶植物，叶片开张如扇，富有热带风情，故成为我国传统的盆栽观叶植物。用咫尺盆盎来表现"风轻云淡"这样辽阔的意境是有难度的，我用高耸的棕竹来表现天地间的疏朗，用铺满盆面的苔藓来表现大地的辽阔，而我亲手雕刻的两只小绵羊摆件在涂上白颜色后，则使作品浮现出"风吹草低见牛羊"的诗意来。

创作心得 为了体现本作品《风轻云淡》的画面意境，我在植株的"繁、简、疏、密"方面下了一番功夫：一是结合翻盆进行分株，减少了茎秆数量；二是采取重剪手段，截除一些过密、过高的茎秆。经过一年多的前期准备工作，使棕竹形成了茎秆挺拔疏朗、叶片清秀飘逸、根盘裸露老到的观赏效果。

雪漫峡江

植物：雀梅（株高6cm）；六月雪（株高8cm）
盆器：紫砂盆
摆件：千层石、自制竹筏

作品欣赏　本作品中的洞穴式山景是用千层石制作而成的，我原本打算用它制作另外一种意境完全不同的作品，可是冬天突如其来的一场大雪使我突发奇想，赶在山石上的积雪融化前抓紧拍摄了这幅《雪漫峡江》作品。作品中，江陵陡峭险峻，漫山披挂着皑皑积雪。山体的一侧，两株微型盆景的树冠上也覆盖了厚厚的积雪，与山体浑然一体。江面几只竹筏上的船工们正在奋力撑篙，即将穿越峡江险段。作品中山体的雄浑挺拔、山洞的狭窄险峻与几只轻舟形成强烈的对比，并彰显出船工们吃苦耐劳的美德及不畏严寒、艰险的大无畏气概。

创作心得　千层石是沉积岩的一种，石质坚硬致密，纹理为层状，外貌似久经侵蚀的自然山体，因此是制作山水盆景的常用石材。山水盆景中必须有山，却不一定需要水，以本作品为例，利用平整的、浅色系的背景板，即可营造出水的意境，并能够为观赏者所认同。

第七章　盆景规格

按照中国花卉盆景协会的规定，盆景规格通常分为特大型、大型、中型、小型和微型。在本章中，我列举了除特大型以外的其他4种规格类型的盆景。

　　1. 大型盆景　　大型树桩盆景的尺寸（高度或冠幅）为81~150cm，搬动不便，且受到拍摄场地的限制，故在盆景小品中应用较少。本章仅列入一幅大型盆景作品。

　　2. 中型盆景　　中型树桩盆景的尺寸（高度或冠幅）为41~80cm。中型盆景的搬动较为方便，不仅可在室内或室外陈设，且适合于盆景小品的创作。

　　3. 小型盆景　　小型树桩盆景的尺寸（高度或冠幅）为11~40cm。小型盆景因体积小、分量轻、移动便捷，尤其适用于盆景小品的创作。此外，由于小型盆景人工培植的周期短、难度小，并且有利于减少对野外树木的采挖而保护生态资源，故逐渐受到盆景爱好者的青睐。

　　4. 微型盆景　　微型树桩盆景的尺寸（高度或冠幅）为10cm以下者。微型盆景具有小巧玲珑、造型优美、养护方便的优点，已逐渐成为现代人休闲的高雅艺术品。由于微型盆景的尺幅太小，一般而言表现主题意境的能力有限，故常以博古架为载体进行集中展示（见本书第五章"博古架"一节），但若通过摆件在画面构图和意境渲染方面下功夫，亦可获得令人满意的作品。

高山流水

植物：小叶榕
飘长：90cm
盆器：瓷盆
摆件：陶瓷人物

作品欣赏　历史上有一个典故：晋国上大夫俞伯牙在汉江边上弹奏古琴时，被戴着斗笠、披着蓑衣、背着冲担、拿着板斧的樵夫钟子期听见，钟子期听后大为感叹，说道："巍巍乎若高山，荡荡乎若流水。"两人从此成为至交。钟子期死后，俞伯牙认为世上已无知音，便破琴绝弦，终身不复鼓琴。此后，"高山流水"一词常用来比喻乐曲高妙而知音难遇。本作品题名《高山流水》，所表现的正是古代士人遗世独立、耽于理想的精神世界，整幅作品画面优美、极富动感，具有"飞流直下三千尺"的磅礴气势。

创作心得　从盆景小品的创作角度来看，用大型盆景参与作品构图时需要较大的空间，也难以与通常的盆景摆件相匹配，其实用性不如中、小型盆景，但若构思巧妙，亦可获得佳作。在本作品中，一株大型悬崖式榕树盆景的树干飘逸跌宕、苍劲蟠曲，枝片层次分明、碧绿叠翠，单独观赏便是一株较为理想的盆景作品，可是要用来表现某一特定的主题，在选择配件时就容易出现构图比例的问题，我在经过反复摸索之后，才最终完成了创作。

作品欣赏　二十多年前，我在一处房屋拆迁后的空旷之地发现了这株被遗弃的石榴树，株高约3m，于是将其刨挖出来，截去上部，仅保留约50cm高的主干。经过精心养护以及对新萌发枝条反复进行修剪、整枝，盆景作品逐渐定型，具有树相沉雄、古木新枝、临危挺立、坚忍不拔的审美效果，题名《古木雄姿》。

创作心得　本作品属于斜干式，石榴树的根部位于盆器左侧，主干则向右侧大角度斜出，而顶枝又有向左侧回归的趋势，如此布局增加了盆景作品的动势。在盆景植株的造型技法上，切忌过分追求"四平八稳"，否则作品便会因缺少势态而显得呆板。

古木雄姿

植物：石榴

株高：70cm

盆器：紫砂盆

行云流水

植物：黄杨

飘长：60cm

盆器：紫砂盆

作品欣赏　本作品中黄杨下部的一个托片探向远方，如同临水式树势；上部的一个托片向右回旋，保持了树势的平衡。整幅作品雄强遒劲、动势飞扬、清新疏朗，给人以行云流水般的视觉美感，故名。

创作心得　本株黄杨的盆器为一只紫砂方口盆，器型稳重端庄，质感柔润，色泽与黄杨相匹配。一般而言，盆器的形状以古朴深沉、线条流畅、高雅大气、整体和谐者为佳，在具体到某一幅盆景小品时，则要从作品的整体效果来选择盆器的造型。选择盆器时还要注意色彩的匹配，对于庄重气息浓厚的作品，宜选择古朴深沉的色彩类型，避免过于花哨而显得轻浮或导致喧宾夺主。

闽南人家

植物：榕树
株高：14~15cm
盆器：紫砂盆
摆件：酢浆草微型盆栽、陶瓷摆件、自制舟楫

作品欣赏 在闽南，榕树是随处可见的树种，其铺天盖地的浓荫及髯须般的气根令人过目难忘。本作品中，三株小型榕树代表了闽南的常见树种，高低不等的树桩、石块营造出闽南地区的丘陵地貌，房屋、小桥、渔舟及一株酢浆草则象征着当地的宜居环境。

创作心得 清代李斗在《扬州画舫录》中记载："养花人谓之花匠，莳养盆景，蓄短松、矮杨、杉、柏、梅、柳之属，海桐、黄杨、虎刺，以小为最。"可见小型盆景自古便受到人们的喜爱。榕树是制作小型盆景的优良树种，具有繁殖容易、生长速度快、易于造型、四季常青等优点，本作品中的三株小型榕树是我亲手繁殖所得，在培育过程中采取以剪为主的造型手法，控制树高而促发侧芽，缩短从扦插成活到可观赏的时间。

西风古音

植物：银杏
株高：26cm
盆器：陶釉盆
摆件：陶瓷人物

作品欣赏

西风古音

西风落叶，荒野霜稠。行旅困乏，更兼心忧。

席地弄琴，抚慰旅愁。世道漫漫，且吟且游。

创作心得　观察树木盆景的叶色变化，从中感悟季节的流转和时光的变换，是其艺术魅力之一。本作品利用银杏树季节变换时所产生的强烈视觉效果，布置出一幅西风落叶的场景构图，为刻画人物的行为举止及内心世界做了良好的氛围铺垫。

长风吟

植物：榔榆
株高：10cm
盆器：紫砂盆
摆件：山石

    作品欣赏   作品中只有一块小小的山石和一株小型榔榆盆景，却营造出一种疏朗辽阔的境界。榔榆的造型为逆风式，根盘抓地有力，枝干遒劲健壮，如同生长于群山之巅的一株老树，长期经受着风霜侵袭而顽强地生存着，表现出一种大无畏气概，故题名《长风吟》。

    创作心得   微型盆景所用植株以"小老树"为佳，以便在方寸盆盎中表现出沧桑感。但在小盆盎中养护"小老树"的难度较大，没有多年培育大、中型盆景的经验，是很难做到的。本作品中的小榔榆虽然桩胚的先天条件不很好，但我并未因此怠慢，而是因势利导地加以造型培植，逐渐形成了逆风式"小老树"的观赏效果。

轻罗小扇

植物：金钱菖蒲

盆器：紫砂盆

盆高：3.3cm

摆件：珊瑚摆件、团扇

　　作品欣赏　　唐·杜牧《秋夕》诗云："银烛秋光冷画屏，轻罗小扇扑流萤。天阶夜色凉如水，坐看牵牛织女星。"我受到该诗意境的影响而创作了本作品。作品中的一株菖蒲微型盆景和一只珊瑚小摆件象征诗词意境中的"冷画屏"；一枚团扇便是"扑流萤"的小扇了。我在室外拍摄本作品，柔和的光线像月光洒下的清辉一般。作品中并未出现轻罗女子，可是作品的意境已经浮现出来，此时抽象的效果胜过具象。

　　创作心得　　在本作品中，单独一株微型菖蒲盆景很难表达复杂的作品意境，于是，我在作品构图上做了大胆的设计，将菖蒲盆景和珊瑚摆件放在从属的位置，而将作品的显著位置拱手让位于一只团扇，这似乎有违盆景小品以展示盆景为主的一般思路，但却因醒目位置的团扇而淋漓尽致地刻画出《秋夕》古诗的作品意境，也使作品显得鲜活而丰满。

云雾茶

植物：福建茶
株高：10cm
盆器：陶釉盆
摆件：寿山石

作品欣赏　福建茶盛产于我国闽、广地区，是我国岭南派盆景中常见的植物之一，具有树干嶙峋、枝繁叶茂、千姿百态的特点。本作品的右侧是一株正开着白色小花的福建茶，左侧是一块色彩斑斓的寿山石摆件，我用两者构成一幅象征生长于高山云雾之中的山茶，并于阴天在室外拍摄，形成了云雾缭绕环境中的光线特点，题名《云雾茶》。

创作心得　福建茶生长在我国南方地区，在长江中下游地区冬季需要入室养护。我养护的这株福建茶在拍摄图片时还生长茂盛，但后来因入室越冬疏于管理，浇水过少而死亡，成为憾事。我从此教训中认识到：由于小、微型盆景的越冬难度较大，需要加倍呵护、精心照料才行。

第八章　盆器

在本章中，我列举了以下7种类型的盆器。

1. 紫砂盆 紫砂盆主产于江苏宜兴，用一种特有的黏土为原料，质地细密坚硬，原砂原色，不上釉彩，造型古朴典雅。紫砂盆用泥有紫泥、红泥、锻泥、配泥、泥中泥等几大类，紫砂为其统称。紫砂盆以素面为主，内外不施釉，从而充分展现出其独特天然材质淳朴、古雅、细致、含蓄的肌理之美以及独特的透气性能。

2. 瓷盆 瓷盆全国各地都有生产，而以江西景德镇的最为著名，是采用精选的高岭土，经过1300~1400℃的高温烧制而成的，其质地细腻、坚硬、美观。瓷盆的主要缺点是透气性较差。

3. 陶釉盆 釉陶盆是用可塑性好的黏土先制成陶胎，在表面涂上低温釉彩，再入窑经900~1200℃的高温烧制而成，以广东石湾为主要产地。釉陶盆具有精致美观、古雅大方、色彩丰富、规格和款式较多的特点，但其质地较为疏松。

4. 瓦盆 瓦盆又称素烧盆，用黏土烧制而成，是我国传统的盆器之一，应用广泛。瓦盆虽质地较粗糙，外观也不够精致，但价格便宜，透气性好，尤其适用于盆景植物的养坯和幼苗的培育。

5. 塑料盆 塑料盆是最普遍也最容易获得的盆器，价格低廉，尺寸规格、形状样式及颜色繁多，大多用于盆景苗木的栽培期，然后酌情向其他类型的盆器过渡。在盆景小品创作中，只要符合作品的主题意境，塑料盆亦可取得良好的画面效果。

6. 石盆 石盆是采用天然石料如大理石、汉白玉、花岗石等，经过锯截、凿磨加工而成，其质地坚实细腻，不透水。山水盆景多采用浅口的大理石盆器，其形状以长方形和椭圆形最为常见和适用。

7. 异形盆器 异形盆器是指用非传统的、不规则的、令人感觉新奇的物件作为盆器来栽种植物。异形盆器的主要特点是独特、异类和与众不同，当异形盆器出现在观者面前时，往往能令人眼前一亮，吸引其注意力。较为常见的异形盆器如花瓶、茶壶、笔筒、朽木、天然石板、竹筒、陶缸、树根等。大自然的鬼斧神工令人赞叹不已，注意发现或寻找原本存在的自然物品作为异形盆器，常常能够产生意想不到的观赏效果。

我使用过的部分紫砂盆器

我使用过的部分瓷盆

我使用过的部分陶釉盆

我使用过的部分瓦盆

我使用过的部分塑料盆

我使用过的石盆之一

我使用过的部分异形盆器

作品欣赏 老子《道德经》有云："致虚极，守静笃。万物并作，吾以观其复。"其含义是说，应使心灵保持虚、静的至极笃定状态，不受外界干扰，以便用这种心态观察世间万事万物循环往复的规律。"空"是禅学的重要内容，佛经里有"一空万有""真空妙有"的禅理。本作品画面简洁，方口高筒紫砂盆匹配临水式榔榆，表现出"虚""静"的禅学意境，故题名《致虚守静》。

创作心得 清朝李斗在《扬州画舫录》中记载："盆以景德窑、宜兴土、高资石为上等。"可见紫砂盆历来是盆景的主要用盆之一。本作品中的紫砂盆为纯手工制作，不仅泥质上乘，盆壁所刻字画也很见功夫。尤其值得一提的是，该盆的形态略有扭曲变形，这并非做工低劣，而是高手所为，具有更好的艺术欣赏价值。

致虚守静

植物：榔榆
飘长：15cm
盆器：紫砂盆

问 茶

植物：小叶榕
飘长：20cm
盆器：紫砂盆
摆件：茶盏

作品欣赏 本作品使用了一只紫砂方口高盆，一株临水式小叶榕探向右侧的一只茶盏，仿佛正在询问着什么。这幅《问茶》作品所表达的含义是：人生总有许多迷惘，当不知所措时，与其焦躁不安，不如静坐问茶。

创作心得 简洁是摄影构图最基本也是最重要的原则，可使画面引人入胜。盆景小品构图时，摆件要精致、点题，而并非越多越好，尤其不要出现"风马牛不相及"的现象。本作品仅一株小榕树和一只茶盏，却充分表现出应有的主题，可谓恰到好处，多一物嫌多，少一物嫌少，这便是简洁的妙用。

作品欣赏 茶盘上摆放着6只茶盏，象征几位知己正在品茗；轻盈、亮丽的玻璃茶具，象征饮者愉悦、轻松的心境；倚窗摆放的一株罗汉松，虽年功尚欠缺，却已初具飘逸形态。一只古鼎器型的紫砂盆给人以时空穿越感，仿佛再现了古代魏晋时期崇尚自然、超脱自然、狂放不羁、率真洒脱的名士风范。

创作心得 本作品在构图上应用了"虚与实"的美学法则。6只玻璃茶杯中仅斟了浅浅的茶水，此为一虚；背景为玻璃门窗，透过它们可以隐约地看见庭院中栽种的植物，此为二虚；罗汉松受窗外光线的影响，呈现出逆光效果，此为三虚。作品中的"虚"与"实"相互渗透、相互转化，起到了实中有虚、虚中有实、虚实相生、相辅相成的艺术效果。

松窗漫吟
植物：罗汉松
株高：22cm
盆器：紫砂盆
摆件：茶具

庭园秋霜

植物：火棘

株高：36cm

盆器：瓷盆

摆件：陶瓷房屋、树脂门洞、
　　　山石、矮麦冬

作品欣赏　火棘又名红果，到了秋季果实红艳，犹如一串串红碧玉镶嵌在绿叶丛中，灿烂夺目，故历来为园林及私家庭院造景者所喜爱，并且也是制作盆景的好素材。本作品中，我用一只椭圆形浅瓷盆营造了一幅深秋时节的庭园景象：一座圆形门洞、一块立石、一丛矮麦冬、一座小屋，加之略呈起伏变化的土面，勾勒出庭园的轮廓；一株挂满了红果的火棘，则暗示已到了秋霜满庭的节气。

创作心得　本作品是我考虑好题名和画面意境后才动手拍摄的。为作品题名有时会遇到这样一种情况，即盆景已处于拍摄的"窗口期"（指一年中植株最具观赏性的时段），而题名尚未思考成熟，在这种情况下，为了不错失拍摄时机，只得先按照创作者的腹稿拍摄，后期再尽量考虑一个满意的题名，但这种先拍摄图片后确定题名的方法有时会因画面上缺少某些"画龙点睛"的构图元素而遗留缺憾，故拍摄盆景小品最好还是待作品充分酝酿成熟后再动手为好。

花间一壶酒

植物：水仙
盆器：瓷盆
盆高：4cm
摆件：陶瓷人物、茅庐

作品欣赏　冬日阳光下，一位老翁走出茅庐，在盛开的水仙花丛中流连忘返，自斟自饮，充分表现出他对花草的欣赏和对生活的热爱，我为作品题名《花间一壶酒》。浅瓷盆在水旱盆景创作中应用广泛，浅盆的空间虽有限，却要通过勺水拳石来表现出小中见大、咫尺山水、心物相应、情景交融的意境，并非一件易事。

创作心得　在本作品中，我在浅瓷盆外摆放了一只茅庐，从而拓展了画面视野，由此可见，突破传统的构图规则亦是盆景小品创新的手法之一。

抱得冬心

植物：水仙
盆器：瓷盆
盆高：4cm
摆件：茶具、珊瑚摆件

作品欣赏 作品中的一丛水仙长势独特，数支花箭彼此相拥，繁茂的花朵聚成一团。一株在寒冬里盛开的水仙花，就如同一颗"冬心"，冰清玉洁、不染凡尘。摆放在水仙花两旁的茶具和珊瑚厚实而沉稳，与冰清玉洁的水仙花在意境上有异曲同工之妙，故题名《抱得冬心》。

创作心得 水仙开花的时间与气温关系密切，若要想让水仙在春节期间开花，可根据气温高低在春节前约一个半月进行水养，水养期间光照要充足，室温却不宜过高，3~5天换水一次，无需施肥。在拍摄作品时，通常需要对植株进行一番"梳妆打扮"，我在拍摄本照片前，将一些没有开出水仙花的鳞茎、徒长的叶子予以摘除，从而增强了作品效果。

窝边草

植物：黄金姬菖蒲
盆器：陶釉盆
盆高：6cm
摆件：山石、枯草、陶瓷兔

作品欣赏　春天来了，小草发芽了，兔儿怀春了，可图片中的这一对兔子十分自律，面对鲜嫩的"窝边草"绝不动心，宁可啃食地上的陈年旧草。"兔子不吃窝边草"这句俗语不知是否为自然现象？如果确实如此，也许是因为窝边草能够遮掩兔子挖掘的洞窟，使其不容易被狼、狐狸等天敌发现，故而保全性命吧。

创作心得　菖蒲的种类颇多，据古籍载："菖蒲凡五种，生于池泽，蒲叶肥根，高二三尺者，泥菖蒲也，名白蒲；生于溪涧，蒲叶瘦，高二三尺者，水蒲也，名溪荪；生于水石间，叶有剑脊，瘦根密节，高尺余者，石菖蒲也；人家以砂栽之一年，至春剪洗，愈剪愈细，高四五寸，叶如韭，根如匙柄者，亦石菖蒲也；甚则根长二三分，叶长一寸许，谓之钱蒲也。"本作品中，我用一株黄金姬菖蒲表示自然界中的草类，而陶釉盆较为疏松的质地也比较适合于菖蒲的生长。

闲草自春

植物：金钱菖蒲
盆器：陶釉盆
盆高：3.5cm
摆件：英德石、插瓶

    作品欣赏   在春天这个草长莺飞的季节里，哪怕是墙角、路边等没有人关注之处，一些不知名的小草也照样会生长得楚楚动人，我根据这一感悟创作了《闲草自春》。作品中，一株绿意盎然的金钱菖蒲和一块婀娜多姿的英德石相组合，透出了庭院深深的气息；看似漫不经心插在瓶中的枯竹梢，对作品中的春意及闲适意境起到了烘托作用。

    创作心得   作品中的金钱菖蒲生长得葱绿可爱，这与良好的养护环境有关。菖蒲为多年生草本，原生地大多在山涧泉流附近，喜欢温暖、湿润的半阴环境，家庭养护时应考虑到它的这种生活习性，夏季要经常往叶面喷水以增加湿度，严寒天气应入室避寒。菖蒲植物性喜素净，不宜多施肥，否则易使叶片疯长而丧失观赏价值。

芳草萋萋

植物：榕树
飘长：17cm
盆器：陶釉盆
摆件：双色牛角印

作品欣赏　在本作品中，榕树小型盆景土表上齐刷刷的苔藓孢子像秋季的牧草般茂盛，一枚双色牛角印则象征生长在水草丰盛自然环境中的牛群。拍摄时所用的侧光，将画面勾勒得灵动而又深远，观者仿佛能够透过画面看到一望无际的草原牧场，故题名《芳草萋萋》，"萋萋"即草木茂盛的样子。

创作心得　盆景小品中的每一个构图元素都会对作品的效果产生影响，因此在创作时最重要的就是匠心独运。以本作品为例，我当初盆栽这株小榕树时，在土表培植了一些苔藓，并未想到在苔藓的繁殖季节竟然会长出如此茂密的具有观赏性的孢子，于是我便以苔藓上长出的孢子作为亮点构思创作了本作品。

与兰同幽

植物：建兰

盆器：瓦盆

盆高：20cm

摆件：歙砚、毛笔、葫芦笔洗

作品欣赏　兰花是我国的传统名花，自古以来就被誉为"香祖""国香""王者香""天下第一香"等，古人称"兰、菊、水仙、菖蒲"为"花草四雅"，又誉"梅、兰、竹、菊"为"四君子"。笔、墨、纸、砚一起被称为中国传统的文房四宝，是中国书法的必备用具。本作品中，我将一株生长繁茂、碧叶修长、花姿婀娜、幽香四溢的建兰与歙砚等文房用品组成一幅作品，喻示书斋是人们心灵深处的一方净土，应永葆幽兰的芬芳品质，故题名《与兰同幽》。

创作心得　本作品中的一株兰草用瓦盆栽种，并无粗俗之感，反而显示出它植根于幽谷丛林，与野草共生，不居显位，不与人争，高风亮节的优秀品质。此外，盆栽兰草的根部透气性一定要好，而瓦盆属于透气性最好的一类盆器。可见盆景小品的选盆和用盆并非越精致、越昂贵越好，而是要根据作品意境和植物的特性区别对待。

亦耕亦读

植物：虎耳草

盆器：塑料盆

盆高：大盆22cm；小盆8cm

摆件：工艺摆件（大猩猩）、水桶、水舀

作品欣赏 作品中一组大小不同的塑料盆中栽种着虎耳草，象征一块菜地；戴着眼镜、头顶草帽的大猩猩身旁有两只刚挑来的水桶，它的跟前搁着一只水舀，看来这只大猩猩是在准备给菜园子浇水哩，好一副萌哒哒的亦耕亦读模样！

创作心得 塑料盆通常适合于盆景小苗的养育，而应用于成熟的盆景作品较少，但若符合作品的主题意境，则塑料盆亦可取得良好的画面效果。以本作品为例，画面中用于栽种虎耳草的几只黑色塑料盆使人联想起当今农村广泛采用黑色塑料器具栽植的现象，产生似曾相识的亲切感。

淡菊秋阳

植物：菊花脑
盆器：大理石盆
盆长：40cm
摆件：陶瓷人物、紫竹篱笆

作品欣赏　曹雪芹名著《红楼梦》中有诗云："一从陶令评章后，千古高风说到今。"陶令即陶渊明，他辞官归田，以躬耕自给，以诗酒自娱，种菊花自赏，以其独特的方式表达了对当时政治黑暗、世风日下的不满与反抗。历代文人将菊花称为"花中隐士"，并将菊与梅、兰、竹合称为"岁寒四君子"。本作品中，一丛菊花脑攀竹篱而生，开出一簇簇的黄色小花；花围下，两位老者沐浴着秋阳，弈棋正酣。整幅作品生动地再现了古代士人隐逸的精神生活。

创作心得　大理石浅盆可以表现丰富多彩的盆景主题，是盆景小品创作中经常使用的盆器。在本作品中，我按照作品的意境将盆土堆成一个山坡状，然后在斜面的土表摆放了山石、朽木等物件，不仅增添了山野的原生态美感，更重要的是可以避免日常浇水导致的水土流失。在土表植苔除了增强美感外，对于水土保持也具有重要意义。

作品欣赏 黄菖蒲为多年生挺水草本植物。在鸢尾属常见的水生植物中，唯有黄菖蒲的花为黄色，故又名"黄花鸢尾"。黄菖蒲植株生长茂盛，叶形笔直有剑的英气，每年4月开花时花朵节节向上，仪态从容而婀娜，黄色的花瓣明亮耀眼，且有一种吹弹可破的柔美。我将一株黄菖蒲栽种在石盆内，而将石盆点缀在庭院中，与其他地栽植物相映生辉，别有一番情趣。我在石盆旁摆放的一只石磨和一块山石，不仅丰富了作品的构图元素，也增添了小庭院的趣味。

创作心得 石盆的重量大，难以像中、小型盆景那样随意搬动，通常只能摆放在某一个固定的地方养护植物，这在很大程度上限制了石盆在盆景小品创作中的应用。本作品中，我用一只尺寸较大的旧石盆作为栽种黄菖蒲的盆器，置于小庭院中，不仅显得古拙沉稳且具有时代的久远感。

闲庭花语

植物：黄菖蒲
盆器：石盆
盆高：30cm
摆件：石磨、山石

山涧新蛙

植物：铜钱草
盆器：石盆
盆高：26cm
摆件：山石、陶瓷蛙、
　　　酢浆草微型盆栽

　　作品欣赏　作品中，我用一盆铜钱草、一块山石、一只陶瓷蛙描绘出《山涧新蛙》这一作品的主题意境。荷叶、青蛙都是诗人和画家笔下的尤物，以古代诗词为例，宋代赵师秀《约客》诗中的"黄梅时节家家雨，青草池塘处处蛙"、宋代辛弃疾《西江月·夜行黄沙道中》诗中的"稻花香里说丰年，听取蛙声一片"等，均成为脍炙人口的著名诗句。

　　创作心得　本作品中的石盆很重，画面有压抑感，而摆放了一只"小青蛙"和一盆酢浆草微型盆栽后，作品的虚实对比发生了很大变化，具有了灵动感。作品中的景物湿淋淋的，既像是挨过一场阵雨，又像是山涧瀑布造成的湿润环境，从而增添了作品的野趣，其实这是通过人工喷淋所制造出的效果。

落纸云烟

植物：虎须菖蒲
盆器：枯木
枯木：长45cm，高20cm
摆件：文房用品、扇面画

作品欣赏　本作品中的一段枯木，是我郊游时无意间在一个树林中发现的，信手拈来审视一番，觉得颇有利用价值，便带回了家中。创作本作品时，需要找到一个能与我扇面画习作意韵匹配的物件来栽种菖蒲，最终选定了这段枯木。作品上，一段枯木载着菖蒲就像从天边飘然而至的彩云，落在了我的绘画习作旁，产生了美轮美奂的视觉效果，故题名《落纸云烟》。

创作心得　本作品中的构图元素较多，越是在这种情况下背景越是要简洁，要留有空白。我所用的浅灰色背景板能够较好地柔和光线，使背景与作品构图元素之间产生和谐关系，观赏时视觉上比较舒适。

探 茶

植物：吊兰
飘长：38cm
盆器：毛竹杯
摆件：工艺竹制提梁壶

作品欣赏　吊兰为多年生常绿草本植物，根叶似兰，肉质清翠，其茎箭上除有叶子和气生根外，还常孕育多个次第开放的花苞，花瓣纯白色，花蕊黄色，小巧轻盈。在本作品中，我用一株吊兰和一只工艺竹制提梁壶作为构图元素，吊兰的茎箭轻盈远探、俏皮可爱，仿佛欲掀开壶盖打探个究竟，作品充满了妙趣。

创作心得　在盆景小品创作中，对于构图元素的表现不能满足于形似，而要力求传神，方能得妙趣。以本作品为例，一只提梁壶、一株吊兰均为平常之物，本无亮点可言，可我在反复观察之后，终于发现了一个值得表现的传神之处，那就是吊兰的两支弧形弯曲的茎箭。我在布局画面时将两支茎箭朝向壶盖方向，当其中一枝快要碰到壶盖时，顿时呈现出一幅极具动感和妙趣的"探茶"场景，整幅作品便鲜活起来。

海之恋

植物：袖珍椰树
株高：15cm
盆器：椰壳
摆件：大理石盆、海螺壳

作品欣赏　在本作品中，我用一只浅白色的大理石盆象征大海，用一株栽种在椰壳中的袖珍椰树代表海边风光，用一只大海螺壳代表海洋生物。图片中的椰树之小、海螺壳之大完全不成比例，这种夸张的艺术表现手法，是对改善和恢复海洋生态环境的深沉呼唤！

创作心得　摄影构图中的减法是一项比加法更难掌握的技巧。本作品描写的是关于大海的主题，但并未摆放舟楫等常见构图元素，便是为了让"海洋生态"这一主题更为醒目。

第九章　盆景制作实例

上盆

本书所指的上盆，是指将地栽植物移入盆器内养护，并在短时间内参与盆景小品的创作拍摄。因此，上盆前对植株造型、盆器形态及色泽等都要从创作的角度加以审视和选择，上盆操作还要包括植苔等盆面处理。

实例：一株黄杨小苗的上盆

我打算创作一幅斜干式黄杨盆景，故挑选了一株经扦插成活两年的斜势生长的黄杨小苗，并选定了盆器及附石

用一块塑料窗纱兜住盆器底孔，以防漏土。我喜欢使用塑料窗纱，不仅因为它经久耐用且网眼大小适宜，还由于小型盆器的容量小，使用窗纱垫底比使用瓦片更节省空间，可将节省下来的容量多装填土壤

填土前先在盆器内比划好栽种位置，力求一次栽种成功，不必要的返工不仅费时、费工，而且容易伤及根系

培植土的养分要均衡，并注意颗粒大小适中。通常应掺和1/3~1/2的原土，以便植株能够逐渐适应新的土壤条件

填好土后，用竹签反复签插土壤，使盆土贴实、沉盆。填土时不宜用手将土壤压得过实，以免土壤板结而影响植物根部的呼吸

上盆后的第一次浸水时间要充分，待水面不再有气泡冒出，表示土壤中的空气基本排尽，此时方可将盆器取出

如果近期即需要参与作品拍摄，盆面植苔就成为上盆的一个重要步骤。盆面翠绿的苔藓既可丰富作品的色彩，又能保护盆土不因浇水或淋雨而流失。在浸湿的盆土上铺放苔藓后，用手轻轻地反复按压，使苔藓与盆土贴实，以保持苔藓的活力

植苔完毕后，用喷壶给刚上盆的植株及苔藓喷淋，然后放置在遮阴处养护1~2周时间。植株上盆后的一段时间内应经常进行叶面喷淋保湿，以利于植株成活

换景盆

在盆景小品创作中经常会碰到需要为植株更换景盆的情况，更换景盆是为了作品主题的需要，或增加画面的美感。

实例：一株榔榆更换景盆

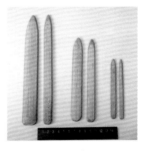

右侧的一株榔榆坐盆较深，看不见树桩的根基部位，且树干姿态欠合理，我打算将它换到左侧的小圆盆内进行作品创作

先用竹签剔除部分盆土，再倒转盆口轻轻拍打四周盆壁，待盆土松动后，轻拽植株使其脱盆。我喜欢用自制的大小不等的竹签来换盆剔土，竹签的柔韧性强，既不会伤及盆沿，又不易伤根

图为我用毛竹制作的不同长短和粗细的竹签

173

在大多数情况下，更换景盆都是从大盆换到小盆，装填的土量减少，故需要剔除较多宿土，并剪除过多的根须

将宿土和富有养分的新土按1:1的比例配置，并充分拌匀。宿土太多植株的营养不良，新土太多则容易烧根，均不利于植株换盆后的正常生长

填土前，首先要确定盆器及植株的观赏面。大多数盆器表面都刻有字画，这些盆器单独观赏时很美，但作为盆景的一部分时就要考虑盆壁的这些字画是否符合作品的主题和意境，布置得当会产生"锦上添花"的效果，布置不当则有"画蛇添足"之虞。左侧画面中的盆器刻有"梅"字及图案，而栽种的植物为榔榆，则"文不对题"，于是我用盆器空白的一面作为观赏面（右图），避免产生缺憾

确定盆景的观赏面后，分别进行填土、浸泡、植苔、喷淋等操作步骤，面貌焕然一新的榔榆盆景便呈现在眼前，即可参与盆景小品的创作拍摄

抹芽

　　有些萌发力强的植物在生长季发芽既多且快，往往会在枝干上长出一些影响观赏性的新芽（如根芽、腋芽、内膛芽、干前芽、对生芽等），抹芽是指当植株侧芽刚刚萌发时用手及时抹除。在作品拍摄前夕，往往需要对盆景植株进行一番最后的"梳妆打扮"，抹芽便是经常性的工作之一。

实例：一株榆树盆景的抹芽

这是一株即将进入拍摄阶段的小型榆树盆景，但因长势旺盛而显得树型凌乱，缺少美感，需要进行抹芽处理

抹去影响观赏性的新芽，同时注意保留下来的新芽的方向、位置和密度，表现出植株高挑、飘逸、灵动的生长姿态，为作品拍摄做好了准备

摘心

摘心就是用手或剪刀除去植株新梢顶端的嫩头。一般而言，植物生长存在"顶端优势"现象，即植物的顶芽优先生长而抑制侧芽的生长。通过摘心，不仅可控制枝条的长度，而且可促使侧芽发育，增加分枝数量，使枝节变短、叶片密集，增强观赏性。

实例：一株黑松盆景的摘心

我拟用这株黑松进行盆景小品的创作，但其正处于新芽萌发期，过长的新芽影响了植株的观赏性，故决定采取摘心措施

用手指甲掐除过长的新芽（松柏类植物的摘心最好用竹剪、铜剪或指甲掐，而不要用铁剪，以免伤口产生锈斑，影响观赏。）保留下约1/3长度的新芽。经过摘心后，黑松的形态疏朗俊秀，待新的松针长成后，摘除老的松针，即可进入拍摄阶段

摘叶

摘叶是指用手摘除植株上的部分甚至全部老叶。部分摘叶主要是有选择性地摘除妨碍观赏的叶子。全部摘叶亦称"脱衣换锦"，主要是在夏季或初秋时摘除植株的全部叶片，促其萌发出细小、稠密、嫩绿的新叶，以提高其观赏性。

实例一：一株雀梅盆景的摘叶

深秋时节，我拟用这株养护在沙盘中的雀梅盆景进行创作，但其枝叶生长杂乱，盆底须根疯长

用剪刀将伸出盆底孔的须根剪除

用手指逐一将所有的叶片摘除

经过摘叶处理的雀梅充分表现出冬天的景色，适宜于创作与冬季有关的作品题材

实例二：一株海棠盆景的摘叶

我为了创作一幅落叶景观，于6月初对这株海棠盆景进行了摘叶处理

摘除全部叶片当天的照片。摘叶后，将其放置于遮阴处养护，避免强阳光直射。我用此落叶景观参与了《老树昏鸦》作品的拍摄

摘叶后16天，可见海棠树又长出了许多嫩绿的新叶。摘叶要掌握一定的规律，即根基越是健全、萌发力越强、生长越是旺盛的植株，越是能够耐受摘叶操作；而根基不健全或是萎缩、萌发力很弱、长势不良的植株，最好不要摘叶，以防植株变得更加羸弱

修剪

　　盆景小品拍摄前的修剪与植株正常养护阶段的修剪不同，前者以满足近期拍摄作品的需要为目的，后者以植株的生长发育和缓慢造型过程为目的。因此，盆景小品拍摄前的修剪通常属于轻剪，即在确定拍摄的观赏面后，以画面的审美需要为标准进行相应的修剪，不妨碍拍摄效果之处可以暂时不予修剪。

实例：一株雀梅盆景的修剪

拍摄前未进行修剪的雀梅

首先剪除伸出盆底孔外的根须

在确定盆景的观赏面后，以增强观赏效果为目的对枝叶进行轻剪

完成修剪的雀梅盆景枝叶疏朗、神清气爽，可直接进入拍摄阶段

蟠扎

　　蟠扎也称绑扎、拿弯等，是指用某种材料绑扎植物的枝干，使之按照预设的弯曲姿态和走势生长，待其姿态和方向固定后，再解除蟠扎物。目前常用的蟠扎材料有棕丝、铝丝等。棕丝蟠扎法自明代始，而金属丝蟠扎法在清代开始应用。

我使用的棕丝和不同型号的铝丝蟠扎材料

实例一：一株黄杨盆景的棕丝蟠扎造型

本图中的一株黄杨正在接受棕丝蟠扎造型。棕丝是从棕皮中抽取的一种韧性、拉力、耐磨性均很强的植物纤维丝，在金属丝尚未诞生的年代，棕丝蟠扎法是最常用的盆景造型技法。对于棕丝蟠扎后已经定型的枝干，应及时拆除蟠扎物，避免棕丝陷入树皮内形成明显的勒痕

实例二：一株三角梅拍摄阶段的棕丝蟠扎

拍摄准备阶段的蟠扎与平时的植物造型蟠扎目的不同，前者以满足拍摄作品需要为目的，是临时性的；后者以盆景的长久造型为目的，是长久之计。盆景小品的画面上出现蟠扎物将在一定程度上影响其艺术效果，故如果不得不采取蟠扎措施，应当尽量蟠扎在隐蔽部位，蟠扎材料的颜色也应尽量与植株色彩相近。

我用这株三角梅进行创作时，需要对它散乱的飘枝加以规束，形成一种悬崖式的态势，于是采用与枝条色彩相近的棕丝进行蟠扎，并使棕丝处于相对隐蔽的位置，减少对画面效果的干扰

实例三：5株九里香实生苗的铝丝蟠扎造型

图为我对播种繁殖的5株九里香实生苗进行铝丝蟠扎造型。铝丝具有较强的坚韧性和较好的可塑性，用铝丝蟠扎造型具有操作简便、易于学习和掌握的特点，但切忌用力过猛，以防止枝条断裂，可采取逐步拿弯的步骤，让枝条逐步适应拿弯过程

并株

有些植物如榕树类可通过并株的方法尽快形成粗壮的桩干，从而加快盆景成型的速度。

实例：10株榕树小苗的并株

选取扦插成活的10株榕树小苗作为并株材料

在捆绑前首先调整好各株小苗的出枝方向，然后将每株小苗的彼此接触面上用刀划伤，以利于相互间在伤口部位自然靠接。最后，用塑料绳将10株小苗紧紧捆绑在一起

为了尽快形成带有观赏性的根盘，剪除所有垂直生长的主根，而将各株小苗的根系从圆心向外匀称排布，在根系下方垫一块扁平的瓦片，用绳索固定住

将捆绑好的并株榕树栽入盆内养护，并用线绳对枝条的姿态进行牵拉调整，以缩短植株的成型周期。

一年后拆除捆绑物，并株获得成功，更换了景盆，可参与创作。

空中压条

空中压条繁殖法通过对植株枝干形成层的环剥，促使在环剥位置上产生新根，从而获得新的盆景植材。创作盆景小品所采用的空中压条繁殖法，应能够使新的植株在较短时间内即具有观赏性，因此应当选择多年生且具备造型潜力的枝条作为压条繁殖的对象。

实例：一株三角梅的空中压条繁殖

我选择将三角梅的一根主干处作为环剥部位，是考虑到该部位作为新株的根基具有较强的观赏性。用利刀在预定的截面位置做上下两个环形切口，间距约为环剥处枝干直径的1.5倍，将树皮彻底清除。本株三角梅的空中压条操作安排在梅雨季节进行，此时植株的生长能力强，空气湿度大，成活的概率较高

 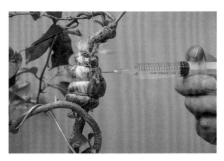

用塑料薄膜兜住剥离面的底部并扎紧，装填培养土，然后用塑料绳扎紧顶部，再进行分段箍扎。此步操作的要领如下：一是塑料薄膜要将枝条的全部剥离面包裹严实；二是适当多装些培养土，以利于局部保湿；三是通过分段箍扎使土壤与剥离面紧密接触，以利于生根

用注射器定期向土壤内注满水。在整个空中压条繁殖期间要经常通过手捏土壤软硬度的方法来判断是否需要补水，土壤应始终保持在湿润状态

2个月后，透过塑料薄膜可以看到有白色或灰白色的根须顺着边沿生长，用手摸亦可感觉到土壤中有条索样根须的存在。要掌握好从母株上分离的时间点，过早分离因根须太嫩而难以成活，过晚分离则土壤中的养分不够。该植株于90天时与母株分离，图片上可见根须发育较成熟，我将其另栽养护，次年开花时即可参与创作

附木盆景

实例：一株榔榆附木盆景的制作

画面右侧的这株榔榆树姿不理想，我打算将它改造成一株附木式盆景；画面左侧的一段枯木是多年前枯死的另一株榔榆老桩，一直未舍得遗弃

在确定最佳观赏面后，将新榆树按枯桩的走势捆扎固定

栽种于盆器中培育，并进行适度修剪

第二年春季萌发出大量新芽，将其移栽入浅盆内，即可参与创作

附石盆景

实例：一株爬山虎附石盆景的制作

我打算制作一株爬山虎附石盆景，找来一株根系发达的爬山虎和一块比较光滑的硬石。考虑到爬山虎藤蔓卷须上的吸盘具有吸附功能，故光滑的硬石也不会影响它依附生长

比划好植物与附石的匹配位置后，用线绳将两者紧密地捆绑在一起，使植株按照附石的轮廓生长，待今后两者完全贴附后方可拆除线绳

将植物栽种于瓦盆中进行粗放式养护

第二年春季将其移栽于景盆中，即可参与创作

丛林盆景

实例：一幅黄杨丛林盆景的制作

深秋时节，我从小庭院的苗圃里挖出一些黄杨扦插苗，挑选适合的植株参与丛林式盆景的制作

用一片屋瓦作为盆器，小黄杨分组栽种，并注意前后左右的顾盼关系。栽种完毕后在土表培植苔藓，以防止浇灌导致土壤被冲刷掉。由于屋瓦的蓄水性差，故应放置在半阴处养护，并且需要经常叶面喷淋

该盆景制作5个月后，黄杨小苗已经逐步适应了屋瓦上的生存环境，枝叶的疏密和向光性也得到自然调节，个别小苗发生枯死现象，但不必清除，保留在画面中更能显示自然界的客观现象

拇指盆景

实例：4盆黄杨拇指盆景的制作

深秋季节，我从小苗圃中挑选出4株黄杨小苗制作拇指盆景。4只紫砂盆的尺寸都很小，属于"拇指盆"。我根据黄杨小苗的形态配置紫砂盆（在画面中上下对应）

由于盆器很小，上盆的操作步骤不仅不能简化，反而要更加精心。上盆后对枝叶略加整理，如剪去过长枝、摘除黄叶、残叶等

放在水盘中养护，可适时参与盆景小品的创作

雪景布置

实例：《甫寒初雪》作品中的雪景布置

我创作《甫寒初雪》，需要在已经摆放好构图元素的基础上布置雪景

用硬纸板铺设在小桥下的河床位置

将面粉放在养鱼用的小抄网中，手握抄网在画面上方轻轻抖动，面粉纷纷落下，如同飘雪一般，形成画面上的雪景（小抄网和面粉是我手头就有的物件，如果考究一些可以用细筛网和滑石粉，效果将更为理想）

撒"雪"后形成的画面效果

将硬纸板移除，呈现出河流的水面轮廓，河面上没有雪，说明尚未结冰，雪入水即融化了

我在水面位置补洒了一些面粉，造成河面结冰、冰上积雪的画面效果，也使河面的视觉效果显得比较柔和，本作品的雪景布置即告完成

苔藓球

实例：一株榕树苔藓球的制作

我打算制作一只榕树苔藓球，图片中的榕树、苔藓、培植土为制作苔藓球的基本材料

将培植土用水湿润至可用手捏成团，然后将小榕树的根部包裹起来，操作时注意调整好榕树的姿态

铲挖的苔藓最好呈大片状，包裹培植土后不容易漏土，且不容易发生苔藓脱落现象

苔藓包裹完毕后，将苔藓球放入水中浸透，然后用双手反复捏按，使苔藓与培植土紧密贴合

用细棕绳环绕苔藓球用力捆扎几道，即使在屋外淋雨或反复喷淋也不会导致土壤崩塌。但是棕绳会影响苔藓球的外观，解决的办法是捆扎要用力，使棕绳嵌入苔藓中，养护一段时间后，新长出的苔藓即可将棕绳的痕迹遮掩掉

如果苔藓球制作完成后马上就要参与创作拍摄，为避免捆扎的痕迹，亦可待拍摄任务完成后再择日捆扎。拍摄作品前一小时左右给予喷淋，可令苔藓呈现出嫩绿光鲜的效果。在拍摄前还可通过适当的修剪使苔藓表面保持平整

苔藓储备

　　盆景小品创作经常要进行盆面植苔，不可能每次都到野外去挖取，因此应当学会储备苔藓。我通常的做法是将盆面植苔多余下来的苔藓以及翻盆时铲下来的旧苔撕碎，然后播撒在小庭院的边边角角处，久而久之，它们便会在那里繁殖蔓延开来，可以提供源源不断的苔藓。

图为播散在地面上的苔藓，不仅能够存活，而且已经繁殖成片

在小庭院的阴凉处、水缸旁，用不同器皿来培植苔藓也是一种很好的选择

只要环境适宜，即使是在一块旧砖上，苔藓也能茂密地生长

苔藓的种类很多，如果不是专门的苔藓爱好者，难以分辨出它们彼此之间的细微差别，其实仅从盆面植苔的角度而言，也无需叫出各种苔藓的名称来，只是应根据盆景整体的观赏性来做出大致的选择。通常的做法是：越是小巧玲珑的盆景，盆面的苔藓品种应越细小；而表现粗犷题材的盆景，所选的苔藓种类则可相对大些。上图是我经常使用的几种苔藓

第十章　底座、摆件自制实例

自制底座

小型底座的制作并不复杂，且用料来源广泛。我喜欢就地取材，将一些老树的根、干锯成大小不等、高低不同、形态各异的小底座，不仅节省费用，而且具有审美的独特性。

实例：瘿木底座的制作

我打算用一段瘿木制作一批小摆件的底座。瘿木泛指树木生病所致的树瘤，利用瘿木奇特外形制成的底座往往具有自然造型的美感

用手锯将瘿木锯成12只高低不等的小底座，然后用砂纸将剖面打磨光滑。树瘤自身带有某种自然色彩，故锯制成小几座后无需上漆，保留其原有色彩更具观赏性

我将以往在海边捡拾的小珊瑚石和贝壳胶粘在小底座上

自制摆件

实例一：草捆摆件的制作

作为盆景小品摆件的草捆在市场上难以买到，自己动手制作既方便简单，又尺寸自如。本图右侧为制作草捆的原材料，左侧为制好的草捆，可以参与作品的构图拍摄

实例二：栅栏、山柴摆件的制作

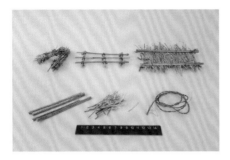

本图是用紫竹梢制作的栅栏和山柴摆件（由于我在小庭院中栽种了紫竹，故取材非常方便）。画面下部为制作摆件的原料，包括紫竹梢和细棕绳；画面上部为制好的栅栏和山柴摆件。自制这类小摆件不求貌似，而求神似，从画面的构图效果来看，看似漫不经心制作的小摆件往往更加耐看、更富有趣味性

实例三：舟楫摆件的制作

图为我自制的部分小舟楫，主要材料为紫竹和毛竹。从比例尺上可看出这些舟楫的尺寸很小，但它们都是根据作品画面构图的需要"量身定制"的。如此小的舟楫摆件其实制作起来并不困难，有几把木刻小刀，再有一支胶黏剂便可完成操作。下面几幅图分别加以介绍

图为我制作的两只撑篙小船。船身的材料为毛竹，其余部分均用紫竹制作：人体是紫竹梢的茎节，草帽用紫竹叶剪成，撑篙为截短的紫竹梢。锯子、木刻刀、胶黏剂等是主要的制作工具，先将各个部件准备好，最后用胶黏剂组合成型

图为我制作的三只小帆船。船身和桅杆均用毛竹制成，再用白布和棉线制作风帆。锯子、木刻刀和胶黏剂等为主要的制作工具

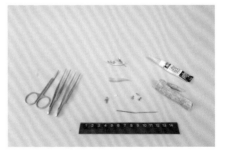

图为我制作的一只鱼鹰船。船身用黄杨木雕刻而成，其余部分均用紫竹制作：人体、鱼鹰用紫竹梢的茎节制作，草帽用紫竹叶剪成，撑篙为截短的紫竹梢。锯子、木刻刀、剪刀和胶黏剂等是主要的制作工具，由于各个部件太小，需要用镊子来帮助操作，将各个部件准备好后，用胶黏剂组装成型

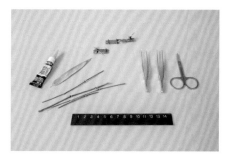

图为我制作的两只竹筏，用紫竹梢作为主要原材料，前后两只竹筏之间用一小段棕丝来连接。由于各个部件太小，也需要用镊子来帮助操作，最后用胶黏剂组装成型

实例四：古琴摆件的制作

漂流木是制作盆景小品摆件的好材料，因为经过大自然的风化和长时间的水浸，显示出特有的沧桑、古朴之态。图为我从太湖畔捡回来的一块漂流木，由于形态酷似一把古琴，便打算用它来制作一张"古琴"摆件。先用清水将表面的泥土、青苔等刷洗干净，再放置在通风处阴干

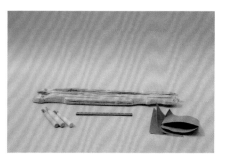

待漂流木彻底干燥后，根据预先设计，先用木刻刀雕刻出古琴的大致模样，然后用不同粗细的砂纸打磨表面

打磨完成后，在液化气灶台上用火烤制一下（有条件者亦可用高压火枪进行烤制），达到杀菌、去毛刺、外表半炭化、增强耐久性和观赏性的目的

再用细砂纸轻轻打磨外表，清除过度炭化部分，古琴摆件的制作便完成了，可参与盆景小品的创作

实例五：绵羊摆件的制作

我打算从这段黄杨木上锯下两截来雕刻2只绵羊

我收集、综合各种绵羊图案，并根据盆景小品的画面需要，用木刻刀具雕刻出两只小绵羊的粗胚

用电动磨具进行打磨，以增加表面的光洁度

制作完成的2只小绵羊憨态可掬，可以参与盆景小品的创作

由于作品中需要白色绵羊摆件，我用国画颜料将其涂成白色（亦可用丙烯颜料等）

涂上白色颜料的绵羊摆件呈现出另一番审美趣味

实例六：乌鸦摆件的制作

我打算用一小段黄杨木制作2只乌鸦摆件

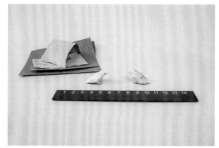

用木刻小刀完成乌鸦粗胚后，用砂纸打磨

用国画颜料将乌鸦涂成黑色

制作完成的两只小乌鸦模样

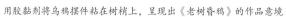

用胶黏剂将乌鸦摆件粘在树梢上，呈现出《老树昏鸦》的作品意境

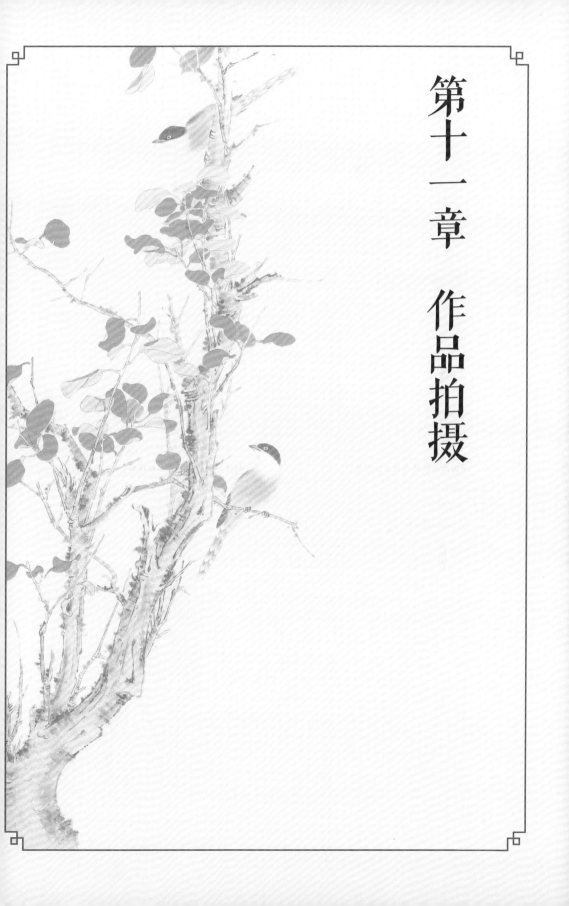

第十一章 作品拍摄

拍摄目的

盆景小品拍摄目的主要有以下几点。一是资料保存：盆景创作过程具有连贯性和可变性，通过摄影可以忠实地记录盆景植株的成长和完善过程。有些优秀作品如果发生意外死亡，也已留下了永久性的图片资料。二是造型设计：盆景图片能比较客观地反映植株造型的优劣，故可通过摄影发现问题，改进植株造型。三是艺术交流：盆景小品的展示通常采用摄影图片的形式，编辑出版或向杂志投稿也都离不开图片资料，因此拍摄影像资料可以大大拓展交流的范围，并加快交流的速度。

学会自己拍摄

盆景小品的创作是一件费时、费力的工作，需要经过作品构思酝酿、画面构图设计、等待植株最佳观赏时机、抓住户外拍摄最佳自然光线等，只有符合了每一项条件，才有可能产生理想的作品，一幅作品反复拍摄是常有的事情，只有学会自己动手，才能不厌其烦地反复进行拍摄工作，并获得满意的画面效果。如果自己不会拍摄而总是需要请别人帮忙，一方面难以做到随叫随到，另一方面别人对作品的创作意图也难以像创作者本人那样谙熟于心，拍摄出来的效果往往难以达到创作者的期望值。我只是一名普通的摄影爱好者，无论摄影水平还是照相器材的档次与专业水准相比都有较大差距，要拍摄满意的盆景小品有较大的难度，但是我坚持在实践中学习，边拍摄边总结提高，尽管走了许多弯路，尝尽了其中的酸甜苦辣，但本书中厚厚的拍摄作品本身便是对我辛勤付出的丰厚回报。

摄影器材

照相机　照相机是最关键的摄影器材，通常要求用具备一定像素的单反相机拍摄。我拍摄本书作品所用的为一款微型单反相机。

拍摄盆景图片要用相机而不要使用手机，我在这个问题上走了一段弯路。先前我已经用较高像素的手机拍摄过不少盆景小品图片，耗费了大量心血，在手机及电脑屏幕上观看画面效果都不错，但是出版社、杂志社均不接受这样的图片。我翻阅资料才懂得：选择摄影器材不仅需要看像素的大小，更要看其影像传感器的大小，影像传感器的大小直接决定着画质的优劣，一般来说高像素手机拍摄的图像比不过像素较低的单反相机，这是因为后者影像传感器的大小是前者的数倍，因而在成像上更具有优势。一些盆景期刊杂志在"投

我使用的微单相机、三脚架及快门线

稿须知"上特别注明拍摄仪器要求用相机而不要用手机，就是这个道理。后来，我只得用单反相机将拍摄过的盆景小品重新拍摄一遍，由于许多盆景植物在不同季节里的观赏效果差异很大，尤其是某些一年仅开一次花的植物，只能等到次年开花时才能重新拍摄，不仅延误了本书的写作进度，而且浪费了我大量的时间和精力，读者朋友们当引以为戒。

三脚架　为了获得清晰的盆景小品图片，尤其是拍摄微距、长时间曝光题材时，应使用三脚架将相机固定妥当，手端相机拍摄的稳定程度肯定比不上固定在三脚架上拍摄，且盆景小品的画面基本上都是静态物品，可以从容地利用三脚架的稳定功能。

快门线　使用快门线可以避免直接按压快门按钮所导致的机身抖动，从而获得更为清晰的拍摄画面。尽管相机本身的快门延时功能也可避免按压快门所引起的相机抖动，但是在户外利用自然光线拍摄盆景小品时要考虑风速对植株枝叶的影响，如果采用相机延时功能，则难以把握枝叶动、静的最佳拍摄瞬间。

反光板　我的作品几乎都是在户外利用自然光线拍摄完成的，在户外拍摄时经常需要通过反光板来为画面的暗部补光。反光板有金、银、黑、白等多种颜色，可以反射出不同的光线，而最常使用的是白色与银色。

银白色

金黄色

我使用的双面反光板

使用反光板来补光，要兼顾拍摄现场的光照强度、光线角度及画面的构图元素，灵活运用不同质地反光面的反射率差异来控制反光效果，可以拍摄多张不同反射率的图像，便于筛选。

实例一：

下面的三幅图是我在户外利用自然光线拍摄的一株榆树盆景，左图未采用反光板，盆器较为阴暗，文字难以识别；中图采用反光板补光，但补光量过大，导致画面缺少层次感；右图使用反光板的补光角度和补光量较为适宜，画面层次感较好，盆壁文字也清晰可辨。

实例二：

下面两幅图是我使用和未使用反光板所拍摄到的效果。左图未使用反光板，画面的明暗对比强烈；右图使用了反光板，画面的光线柔和。两者的视觉效果大相庭径。

我使用过的浅灰色磨砂PVC背景板

闪光灯 我在户外拍摄盆景小品时不使用闪光灯。当闪光灯固定在相机热靴上时，只能拍摄到顺光图像，而这种光位是拍摄盆景小品所忌讳的，因为缺少层次感。如果以离机方式使用闪光灯，虽可得到不同的光位效果，但这需要较高的摄影技巧。

背景板 拍摄盆景小品图片时背景要干净，尽量不要出现无关的内容，大多采用背景板来达到目的。根据画面效果的需要，通常可以采用白色、黑色或浅灰色的背景板。一般不要采用红色和蓝、绿色的背景板，红色等暖色调过于抢眼，容易将观赏者的视线吸引到背景色上；蓝、绿色背景与植物的叶色接近，缺少色彩的反差对比。在本书作品中，除了少数以自然环境为背景的图片外，绝大多数图片都是采用的浅灰色磨砂PVC背景板，我认为该颜色比较适宜于户外自然光线下画面构图元素的色彩对比。背景板以硬质为好，表面无皱纹，能保证无论景深大小、曝光量多少都有平整的背景。

拍摄技巧

自然光的利用　在户外拍摄图片受天气影响较大。晴天或多云天气最适宜于拍摄，但要把握好拍摄的时段，通常以上午10点前后、下午15点前后最为适宜，此时阳光呈一定角度照射在画面上，显得色彩丰富、层次清楚、生动感人；正午时分不宜拍摄，此时太阳顶头照射，缺乏理想的投照角度；早晚时分的光照量不足，也不适宜拍摄。阴天拍摄出来的图片缺少层次感，画面不生动，故应尽量避免。除了与雨天有关的作品主题，否则不宜在下雨天拍摄，更不宜在雨中使用背景板拍摄，因为雨水落在背景板上将破坏画面的意境。

实例：

下面两幅图是我在屋内临窗处拍摄的。左图用窗帘遮挡住了大部分阳光，仅让阳光照射在景物上，背景部位的大面积暗区使整幅画面失去和谐；右图是拉开窗帘后，恰巧有一片浮云遮挡住了部分阳光，我赶紧拍摄下来的，画面显得温馨而柔和。

精确取景　盆景小品绝大多数为静物拍摄，要力求画面中的树景和摆件清晰，用光要准确，背景对比度要大；树干与枝叶之间存在光的差异，应突出主干，兼顾树叶。拍摄时要有取景构图的审美意识，尽量减少后期图像处理时的裁剪幅度，裁剪得越多，图像的像素丢失也越多，将在不同程度上影响图片质量。如果打算投稿刊用或出版专著，制作后的图片像素要在1M以上，并且不要压缩。

多参数拍摄　在户外拍摄盆景小品受到光线强弱、光照角度、风速等多种因素的影响，拍摄效果不恒定，因此拍摄时应酌情采用不同参数多拍摄一些图片，随后通过电脑挑选出最为理想的图片。

反复拍摄　一幅作品往往不是一次拍摄就能成功的，一是有些作品当时觉得满意，随着时间的推移及对作品理解的深入，往往又有了新的构思，需要重新拍摄；二是对于一些时令性花卉植物，往往难以把握它开花的最佳状态，只得在它开花的不同阶段反复拍摄，从中挑选最为理想的作品。本书中有相当一部分作品都是在不同季节甚至不同年份经过反复拍摄而得到的较为理想的图片，其过程可谓艰辛，但得到一幅理想作品时的满足感亦是值得回味的。

实例一：

下面两幅图中，左图是我前一年冬季拍摄的，缺点是水仙花的茎秆偏高，不够精致；右图是第二年冬季重新拍摄的，由于在养护时注重了日照和控水，并且适当使用了矮壮素，水仙花的茎秆矮短，能够显示出养护功力，因此，我的作品《岁朝清供》便是采用了右图。

实例二：

左图是我在前一年的秋季拍摄的，尽管画面效果不错，但六月雪未开花，是为缺憾；右图是我于第二年秋季重新拍摄的，终于等来了六月雪开花，我的作品《林泉高致》便是采用了右图。

后期制作　在当今数码摄影的时代，通过电脑进行后期制作变得方便可行，但是保留原始照片最为重要，因为一切后期制作都是在原始照片基础上进行的，一定要将原始照片保存好。后期制作应当在副本上进行，由于一张图片可以有多种裁切方法，因此应当为原始照片建立多个副本，对比不同裁切后的构图效果，从中选定最符合创作意图的图片。

第十二章 作品陈设

盆景小品的陈设方式是多元化的，本书主要谈及居家陈设、展览陈设这两种常见的陈设形式。

居家陈设

居家陈设是盆景小品的主要陈设方式，体现了当今社会人们的文化需求和精神向往，并通过打造的个性化休闲空间以缓解生活、工作压力带来的焦虑情绪。随着我国城镇化建设的进程及人民生活水平的提高，目前主流的住宅模式大致有以下三种：一是带有阳台的普通高层与小高层楼宇，二是带有庭院、露台或顶楼平台的低密度花园住宅，三是包含院子和花园的别墅或类别墅。在上述三种住宅模式及其他传统民居中陈设盆景小品均属于居家陈设。

居家陈设盆景小品要把握好以下几个关键要素：一是要展示个性化的作品，体现出主人的志趣、品位和爱好；二是要营造和谐的周围环境，以烘托作品或深远、或清幽、或诙谐的意境；三是要有一定的观赏空间，以供家人及客人或远、或近、或多方位地观赏；四是要考虑植物对温度、湿度、通风、阳光等的需求，以不影响植物生存为居家陈设的原则；五是要考虑到经常搬动的方便，盆景及其摆件的体积、重量均不宜过大。

户内陈设　户内陈设应尽可能地利用从门、窗处投射进来的自然光线，不仅可充分展示盆景小品的自然美感，且自然光线对植物的生存至关重要，可延长植物在户内陈设的时间。盆景小品不宜直接摆放在窗台上，因为逆光的缘故，将导致作品的主要观赏面晦暗不清，严重影响观赏效果。最好是在临窗处侧向放置几架或条柜，而将盆景小品摆放其上，如此便可欣赏到侧光投照下的作品，这是一种较为理想的光线投照角度，能够显示出盆景小品的立体感和纵深感，展现出作品的迷人魅力。如果条件所限只能摆放在户内光线不足之处，则应安装日光灯或白炽灯以增强光照度，灯光照射角度最好为前侧光，而不宜用地光或顶光，光线宜柔和，不宜用强光。

户内陈设的时间不宜过久，以免影响植物的生长甚至生存，可采取以下保护措施：一是选择耐阴植物，户内摆放的时间可以较长；二是经常调换入户陈设的盆景种类；三是平时摆放在户外养护，需要时再搬入户内陈设；四是白天摆放在室内陈设，夜晚搬至户外通风透气、吃露水。

阳台陈设　阳台上的光线较为充足，但通常逆光面较大，而可供侧光摆放的空间较小，为了作品展示效果的需要，应当努力在侧光投照的角度陈设盆景小品。现代家庭的阳台大多采用玻璃窗封闭，在这种封闭的阳台上陈设作品时，需经常开窗通风，并注意空间环境中的温度、湿度、光照等情况，光照强烈时应采取遮阳措施，并经常给予叶面喷淋。

庭院、露台陈设　在庭院中或露台上陈设盆景小品时应考虑到植物对阳光的耐受程度，必要时使用遮阳网。露天摆放的盆景通常体积较大，所用的几架应为能够经受风雨、阳光、空气侵蚀的代用品，而摆件则可选用赏石等耐久品。由于露天场地的背景大多比较繁杂，会干扰对盆景小品的观赏，故应开辟相对独立的空间，并注意对背景的选择。有条件的自家庭院可建造矮墙及漏窗，能够大大提升盆景小品的观赏效果。

展览陈设

　　展览陈设属于实物交流，这种交流方法最为直接和直观，也是盆景小品创作者相互学习、交流经验、展示自我、检验作品的重要方式，但是参加展览陈设需要达到一定的水准才有可能。盆景展览通常采用搭台设帷的方式，由于场地条件限制而往往摆放过于密集，这种状况影响了盆景小品的独特意境。盆景小品的展示需要有相对独立的空间，最好与其他作品之间有隔断措施。如在室内展览陈设，投照在作品上的光线应柔和，背景处的光线宜微弱，以衬托出盆景小品的立体感和层次感。

　　在展览陈设期间，创作者无法在现场时时向观者介绍自己的作品，因此必要的文字注释显得尤为重要，其注释内容最好包括"题名"和"作品欣赏"两个部分。"题名"是盆景小品艺术魅力的重要组成部分，也是我国盆景展览、展示时的普遍做法。题名既要精炼达意，明示作品的意境美，引导观赏者快速进入欣赏佳境；又要抽象含蓄，提供充分的想象空间，增强艺术的感染力。"作品欣赏"部分的文字可对作品的创作思路、创作经历、艺术特色、观赏要领等加以简要而又生动谐趣的介绍，以增强作品的可读性，引导观赏者在作品前驻足品味、流连忘返，从而提升作品展示的效果，并使观赏者有更多的收获。

后记　自家小庭院中的盆景养护

　　翻阅本书后，有些想学习栽种盆景的读者可能会想：书中呈现的这么多盆景作品，要有多大的一个庭院来培植和摆放呀？其实，我的小庭院总共才90余平方米，搭建了两个阳光屋（可解决部分植物入室过冬问题）后，露地面积仅70平方米左右。庭院虽小，但经过我和妻子的精心构思，充分发挥小庭院不同地理位置养护盆景植物的优势，采取平面与立体相结合的摆放模式，不仅满足了不同生长特性盆景植物的养护需求，而且较好地解决了场地紧缺的问题，还同时兼顾了小庭院的休闲与观赏特性。在此，简要介绍一下自己综合利用小庭院养护盆景植物的心得体会，供读者朋友们借鉴、参考。

用多层花架摆放盆景以节省空间

全日照地段的多层花架上适合摆放木本植物

全日照地段养护盆景夏季需要适当遮阳，我让栽种的枸杞向上攀爬，在盆景区上方形成一张网，既有枸杞植物自身的观赏性，又起到了一定的遮阳作用，还节省了枸杞生长的空间

半日照地段的多层花架可摆放喜阴植物和小盆景

单层花架亦可摆放众多的小、微型盆景。用多层或单层花架摆放盆景除了节省空间外，还有其他的好处：浇水或下雨时不会被溅起的泥土弄脏盆盎及枝叶，不容易受到蚂蚁、蜗牛、蚯蚓等的袭扰

在小庭院围墙的平顶上摆放盆景，充分利用垂直空间

小庭院东边围墙平顶上摆放的盆景植物

小庭院东北角围墙平顶上摆放的盆景植物

利用地栽树木的庇阴，养护喜阴植物

围墙脚下栽种的一株樱桃树和一株杏树下，摆放了一些喜阴盆景

一丛天竺景观附近的地面，亦用来摆放观赏性较强的盆景

小、微型盆景的保湿措施

　　小、微型盆景的盆小、土少，保湿能力有限，尤其是夏季高温季节，水分极易蒸发而导致脱水死亡。我主要采用以下2种保湿方法：一是沙盘法，二是水盘法。

　　沙盘保湿法　沙盘边沿的高度最好与植株相近，如此既不影响植株的通风和采光，又可保持沙盘内的湿度。沙盘底部必须有排水孔，铺上一层窗纱以防漏沙，然后铺上约10cm厚的河沙。

将数十盆小、微型盆景集中于几只沙盘中养护

一只沙盘内可以养护多株小、微型盆景

微型盆景浇水时以喷淋为主，连同沙盘内的河沙一起浇湿。植株的养护时间久了，往往会从微盆的底孔处长出许多细根，蔓延到河沙中，当微盆土壤干透缺水时，这些细根可从沙盘内吸取水分，大大增加了微型盆栽的安全性。需要移出沙盘摆放观赏时，洗去盆器表面的沙粒，观赏一段时间后再放回原处养护，使其恢复生机。除了需要将微型盆栽移出沙盘摆放观赏，否则不要轻易将这些露出盆底孔的细根剪除

水盘保湿法

在水盘中摆放青砖，然后将微型盆景摆放在青砖上养护，既可观赏，又具有吸水保湿功能，还可避免盆器底孔淹没在水中而导致植物烂根

用水盘法养护的这株雀梅微型盆景，苔藓爬满了整个桩干，一副深山老林中原生态的模样，可见水盘局部空气中的湿度较为理想

开辟苗圃，自己培育盆景新株

在一块苗圃里，我的小孙儿正在学习植物播种繁殖。

在光照充足的小庭院南面，沿围墙脚下开辟出另一块苗圃，将第二、三年生的植物小苗从前一块苗圃中移栽于此，大水大肥地粗放式养护，以达到养桩、养根的目的，并可从中挑选植株上盆。

承接阳光屋顶的雨水供平时浇灌，以节约水资源

　　我为自家小庭院的两个阳光房各安装了房顶排水管，并在排水管的下方摆放水缸。由于阳光屋顶的面积较大，每次下雨很快就能将水缸装满，此时，我就会撑起雨伞，将即将漫出来的雨水舀到事先准备好的塑料桶内，尽量多积攒一些雨水，往往一次降雨可以满足小庭院好多天的浇灌量。

用水缸承接的阳光屋顶雨水，比用自来 水浇灌更利于植物生长

在承接雨水的水缸旁排布下水道，从水 缸漫出来的水可以立即从下水道排走， 而不至于造成庭院内积水

利用厨余沤制有机肥

盆景常用的肥料主要为有机肥料和无机肥料。自己动手用厨余来沤制有机肥，变废为宝，不仅取材方便，而且对沤制肥料的肥力心中有数。沤制有机肥时应注意肥料三要素——氮、磷、钾的均衡，氮肥能使植株生长旺盛，枝叶繁茂；磷肥能促使花芽分化和成熟，使花大、色艳、香浓；钾肥能增加植株的抗逆性，减轻病虫害。厨余中的废菜叶以氮肥为主，动物内脏、骨头以磷、钾肥为主。沤肥容器要注意密封以免异味外散，多放入一些橘皮一起沤制可以减少异味程度。入冬后沤制由于气温低，沤制过程中产生的臭气也较微弱。有机肥要经过充分腐熟才可使用，尽量采用隔年沤制的有机肥，沤制时间越长则异味越淡。施肥时要加水稀释，浇灌在植物周围预先挖好的土坑内，及时用土掩埋，以减少施肥造成的环境异味。

用来沤制有机肥的水缸

为了促使植物开花结果，我有时也会少量使用从市场上购买的含磷、钾等化学元素的无机肥料或复合肥料。

病虫害防治

小庭院中的盆景容易发生一些病虫害，应采取"预防为主"的方针，而一旦发生病虫害，则应按照"治早、治小、治了"的原则，尽量不使其蔓延。我经常处理的病虫害有根腐病及蚜虫、介壳虫、红蜘蛛等，在此简要介绍一下其处理方法。

根腐病　常由于盆内积水、施肥过度、换盆时机不当、用土不合理等原因造成根部缺氧腐烂，无法正常呼吸和吸收养分所致。预防和处理方法：一是检查和疏通盆底排水孔；二是控制浇水和施肥；三是翻盆后先放在半阴处养护，维持盆土湿润而不淹涝，多进行叶面喷淋，待树势恢复后再过渡到日常养护。

蚜虫　是一种常见的刺吸性害虫，常成群聚集在叶片、嫩枝、花蕾上，用刺吸式口器吮吸其营养，造成叶片皱缩卷曲、植株畸形生长，严重者叶片脱落乃至植株死亡。处理方法：当发现少量蚜虫时，可用小毛刷清除；如已蔓延开来，可用敌百虫晶体液或吡虫啉可湿性粉剂喷洒。

介壳虫　是树木常见的害虫，种类很多，一年繁殖几代，大多数种类的虫体上有蜡质分泌物，常群居在植物的枝、叶、果上，吮吸其汁液，使受害植物部分枯黄，影响植株生长，严重者可造成植物死亡。处理方法：用毛刷蘸药刷除，或用牙签剔除，亦可将受害严重的枝叶剪除。在若虫盛期喷药效果最好，常用农药如敌敌畏乳剂、氧化乐果乳油、扑虱灵可湿性粉剂、马拉硫磷乳油等。

红蜘蛛　个体很小，繁殖能力很强，在高温干旱的气候条件下繁殖尤为迅速。发现红蜘蛛时应及时喷药，可用三氯杀螨醇乳油或氧化乐果乳油喷洒植株。

应将杀虫剂均匀地喷洒到叶片的向光面、背面及树枝和树干，并注意从上风处往下风处喷洒，避免喷到操作者自己身上

设置存盆区及盆景操作区

栽种较多的盆景必然有一些空闲的花盆需要摆放，我将阳光稀少、不适宜养护盆景的朝北走道作为存盆区，该处不属于小庭院的主要观赏区，故不影响庭院的整洁美观

在小庭院中栽培和养护盆景，少不了操作区和操作台，我将小庭院东北角一处紫藤架的下方开辟为盆景操作区，一只多层货架上摆放着操作工具、盆景摆件、商品花肥、杀虫剂等，而一只简陋的小方桌和一只小木凳便是我侍弄盆景的操作台

让温室植物进入阳光屋内安全越冬

室外冰天雪地，阳光屋内温暖如春，温室植物长势良好

数盆君子兰在阳光屋内争奇斗艳，一派喜庆吉祥的景象

遇到极寒天气，我将一些树木盆景也搬回阳光屋内避寒，防止盆土长时间结冰导致根部冻伤

将小庭院营造成家人喜欢"发呆"的地方

从院墙外拍摄的小庭院南部景观，紫竹摇曳，芭蕉庇荫

小庭院南部的一处休闲平台

我喜欢在休闲平台上欣赏、侍弄盆景

我的妻子经常对自家盆景的培育和养护提出精辟见解

小庭院中弯弯曲曲的青砖小道，
人人都喜欢漫步

每年4月下旬，小庭院东北角的牡丹、芍药次第绽放

我自制了一幅水景，半埋式水缸中的水冬暖夏
凉，适合水生植物及小鱼小虾们的存活

花墙下栽种的藤本月季，起到了垂直绿化、美化
小庭院的作用

花墙下栽种的一株金银花攀缘而上，恣意绽放

窗前的一丛芭蕉，最是养眼

参考文献

哀建国，管康林. 2013. 中国市花［M］. 北京：中国农业出版社.

卜复鸣. 2016. 园林散谈［M］. 北京：中国建筑工业出版社.

蔡建国. 2016. 盆景制作知识200问［M］. 杭州：浙江大学出版社.

曹明君. 2010. 树桩盆景技艺图说［M］. 北京：中国林业出版社.

曹明君. 2015. 树桩盆景实用技艺手册［M］. 2版. 北京：中国林业出版社.

曹正文. 2009. 文人雅事［M］. 上海：上海远东出版社.

兑宝峰. 2016. 盆景制作与赏析——松柏、杂木篇［M］. 福州：福建科学技术出版社.

兑宝峰. 2017. 掌上大自然——小微盆景制作与欣赏［M］. 福州：福建科学技术出版社.

高生宝. 2017. 盆景［M］. 北京：新世界出版社.

顾雪梁. 2000. 中外花语花趣词典［M］. 杭州：浙江人民出版社.

黄映泉. 2015. 中国树木盆景艺术［M］. 合肥：安徽科学技术出版社.

雷涛. 2011. 道画合一——石涛绘画美学思想中的士人精神［M］. 甘肃：甘肃人民出版社.

林鸿鑫，张辉明，陈习之. 2017. 中国盆景造型艺术全书［M］. 合肥：安徽科学技术出版社.

林三和，梅星焕，林三宏. 2007. 指上盆景制作入门［M］. 福州：福建科学技术出版社.

刘佳. 2017. 风景园林文化研究［M］. 北京：光明日报出版社.

马伯钦. 2015. 微型盆景创作手册［M］. 北京：中国林业出版社.

马文其. 2009. 盆景养护手册［M］. 北京：中国林业出版社.

马文其. 2014. 杂木盆景［M］. 北京：中国林业出版社.

木村日出资，左古文男. 2015. 苔藓盆景制作精选［M］. 刘琦，译. 北京：中国轻工业出版社.

南京中山植物园. 1982. 花卉园艺［M］. 南京：江苏科学技术出版社.

潘富俊. 2015. 草木缘情——中国古典文学中的植物世界［M］. 北京：商务印书馆.

沈荫椿. 2017. 微型盆栽艺术［M］. 杭州：浙江人民美术出版社.

松井孝，关野正. 2017. 创意小盆栽［M］. 周志燕，译. 北京：中国轻工业出版社.

汪传龙，赵庆泉. 2014. 赵庆泉盆景艺术［M］. 2版. 合肥：安徽科学技术出版社.

王琼培. 2016. 图解附石盆景制作与养护［M］. 福州：福建科学技术出版社.

岩井辉纪. 2015. 拇指盆栽［M］. 陈宗楠，译. 北京：煤炭工业出版社.

张志刚. 2016. 中国树石盆景［M］. 北京：中国林业出版社.

赵庆泉. 2004. 水旱盆景的制作技艺［J］. 中国花卉盆景，（5）：46-47.

赵庆泉. 2013. 赵庆泉盆景基础制作技艺讲座（八）［J］. 中国花卉盆景，（10）：54-59.

郑顺成. 2015. 超人气迷你盆栽［M］. 福州：福建科学技术出版社.

中国美术学院中国画系. 2017. 中国画学研究－品格与意境［M］. 杭州：中国美术学院出版社.

重森千青. 2016. 庭园之心［M］. 谢跃，译. 北京：社会科学文献出版社.

欢迎订阅盆景系列图书